Günther Wagner

Aufsteigen ... in MATHEMATIK 6

So schaffst du die **6. Klasse AHS**

G&D

Symbolerklärung

1 Übungsaufgabe

In einem solchen Kästchen findest du **Musterbeispiele** zum jeweiligen Thema.

Wichtiger Merksatz! Guter Tipp! Merke dir das gut!

Dem Buch ist ein Lösungsheft zur Selbstkontrolle beigelegt.

1. Auflage 2007 (1,00)

Illustrationen: Elena Obermüller
Umschlaggestaltung und Layout: Pia Moest
DTP: grafik design jeannette pobst, wien
Printed in Europe
ISBN 978-3-7074-0505-7

Inhalt

Potenzen und Wurzeln

Potenzen mit natürlichen Zahlen als Exponent

Potenz

$a^n = \underbrace{a \cdot a \cdot \ldots \cdot a}_{n\text{-mal}}$, wobei $a \in \mathbb{R}$, $n \in \mathbb{N}^*$

a^n: a = Basis (Grundzahl), n = Exponent (Hochzahl)

Eine Potenz ist das Produkt gleicher Faktoren.
Der Exponent gibt an, wie oft die Basis als Faktor genommen wird.
Sonderfall: $a^1 = a$

Es können nur Potenzen mit gleicher Basis und gleichem Exponenten addiert bzw. subtrahiert werden.

a) $9a^2 + 5b - 2a^2 - 8b = 7a^2 - 3b$ **b)** $-5x^2y + 18xy^2 + 2x^2y - 5xy^2 = -3x^2y + 13xy^2$

Multiplizieren von Potenzen

1) $a^r \cdot a^s = a^{r+s}$	Zwei Potenzen mit derselben Basis werden multipliziert, indem man die Exponenten addiert und die Basis unverändert lässt.
2) $(a \cdot b)^n = a^n \cdot b^n$	Ein Produkt wird potenziert, indem man jeden Faktor potenziert.
3) $(a^r)^s = (a^s)^r = a^{r \cdot s}$	Eine Potenz wird potenziert, indem man die Exponenten multipliziert und die Basis unverändert lässt.

a) $3x^2 \cdot x^5 = 3x^{2+5} = 3x^7$ **1)** **b)** $4a^3b \cdot (-5ab^2) = 4 \cdot (-5) \cdot a^{3+1} \cdot b^{1+2} = -20a^4b^3$ **1)**
c) $(3xy)^3 = 3^3 \cdot x^3 \cdot y^3 = 27x^3y^3$ **2)** **d)** $(2y^2)^3 = 2^3 \cdot y^{2 \cdot 3} = 8y^6$ **3)**

Dividieren von Potenzen

4) $a^r : a^s = \frac{a^r}{a^s} = a^{r-s}$ mit $a \neq 0$	Zwei Potenzen mit derselben Basis werden dividiert, indem man die Exponenten subtrahiert und die Basis unverändert lässt.
5) $(a : b)^n = \left(\frac{a}{b}\right)^n = \frac{a^n}{b^n} = a^n : b^n$ mit $b \neq 0$	Ein Bruch (Quotient) wird potenziert, indem man den Zähler und den Nenner potenziert.
6) $0 : a = 0$ aber $a : 0$ nicht ausführbar	Die Division durch Null ist nicht ausführbar!

a) $6y^5 : 2y^3 = \frac{6y^5}{2y^3} = 3y^{5-3} = 3y^2$ **4)** **b)** $\left(\frac{5a^3}{3b^2}\right)^2 = \frac{(5a^3)^2}{(3b^2)^2} = \frac{25a^6}{9b^4}$ **5)**

Wichtige Binomische Formeln:
$(a + b)^2 = a^2 + 2ab + b^2$ $(a - b)^2 = a^2 - 2ab + b^2$ $(a + b) \cdot (a - b) = a^2 - b^2$
$(a + b)^3 = a^3 + 3a^2b + 3ab^2 + b^3$ $(a - b)^3 = a^3 - 3a^2b + 3ab^2 - b^3$

Potenzen mit ganzen Zahlen als Exponent

Berechne: $2^3 : 2^5$

1. Art mit der Formel $a^r : a^s = a^{r-s}$: $2^3 : 2^5 = 2^{3-5} = 2^{-2}$
2. Art: Kürzen: $2^3 : 2^5 = \frac{2^3}{2^5} = \frac{2 \cdot 2 \cdot 2}{2 \cdot 2 \cdot 2 \cdot 2 \cdot 2} = \frac{1}{2^2}$ Ergebnis: $2^3 : 2^5 = 2^{-2} = \frac{1}{2^2} = \frac{1}{4}$

Aus dem Beispiel folgt: **7)** $a^{-n} = \frac{1}{a^n}$ für $a \in \mathbb{R}\setminus\{0\}$, $n \in \mathbb{N}^*$

Eine Potenz mit negativem Exponenten ist eine andere Schreibweise für den Kehrwert dieser Potenz mit positivem Exponenten.

a) $2^{-3} = \frac{1}{2^3} = \frac{1}{8}$ **b)** $5y^{-3} = 5 \cdot \frac{1}{y^3} = \frac{5}{y^3}$ **c)** $\frac{3}{x^{-2}} = 3 : x^{-2} = 3 : \frac{1}{x^2} = 3 \cdot \frac{x^2}{1} = 3x^2$

Sonderfall: **8)** $a^0 = 1$ für $a \in \mathbb{R}\setminus\{0\}$ | Jede Potenz mit dem Exponenten 0 hat den Wert 1.

Beweis: mit Hilfe der Formel $a^r : a^s = \frac{a^r}{a^s} = a^{r-s}$ wenn $r = s$: gilt $a^r : a^r = a^{r-r} = a^0$
bzw. $\frac{a \cdot a \cdot \ldots \cdot a}{a \cdot a \cdot \ldots \cdot a} = 1$, wobei a im Zähler und im Nenner je r-mal auftritt. Durch Kürzen erhält man 1.

Für die Potenzen mit ganzen Zahlen als Exponenten gelten dieselben Rechenregeln wie für Potenzen mit natürlichen Zahlen als Exponenten.

Bringe auf die einfachste Form und stelle mit positivem Exponenten dar!

a) $5x^2y^{-3} = 5x^2 \cdot \frac{1}{y^3} = \frac{5x^2}{y^3}$ Anwenden der Regel **7)**

b) $12^0 = 1$ Regel **8)**

c) $\left[(2x^2 - 3y)^5\right]^0 = 1$ Regel **8)**

d) $a^2 \cdot a^{-3} = a^{2+(-3)} = a^{-1} = \frac{1}{a}$ Regel **1), 7)**

e) $2^{-2} \cdot 2^5 = 2^{-2+5} = 2^{-3} = \frac{1}{2^3} = \frac{1}{8}$ Regel **1), 7)**

f) $\frac{a^{-2}}{a^4} = a^{-2-4} = a^{-6} = \frac{1}{a^6}$ Regel **4), 7)**

g) $\frac{y^2}{y^{-3}} = y^{2-(-3)} = y^{2+3} = y^5$ Regel **4), 7)**

h) $\frac{x \cdot y^{-2}}{z^{-1}} = x \cdot y^{-2} : z^{-1} = x \cdot \frac{1}{y^2} : \frac{1}{z} = x \cdot \frac{1}{y^2} \cdot \frac{1}{z} = \frac{x \cdot z}{y^2}$ Aus Regel **7)** folgt der Satz:

9) Faktoren, die mit negativem Exponenten im Zähler (Nenner) stehen, können mit entsprechendem positivem Exponenten im Nenner (Zähler) geschrieben werden.

i) $\frac{a^3 \cdot y^{-2} \cdot z^{-1}}{x^5 \cdot b^{-4} \cdot c^{-3}} = \frac{a^3 \cdot b^4 \cdot c^3}{x^5 \cdot y^2 \cdot z^1}$ Regel **9)**

j) $\frac{48 \cdot u^4 \cdot v^{-3} \cdot w^3}{12 \cdot u^{-2} \cdot v^0 \cdot w^{-2}} = \frac{48 \cdot u^4 \cdot u^2 \cdot w^3 \cdot w^2}{12 \cdot v^3 \cdot 1} = \frac{48 \cdot u^6 \cdot w^5}{12 \cdot v^3} = \frac{4 \cdot u^6 \cdot w^5}{v^3}$ **9), 1)**

k) $\frac{(-5)^{-2} \cdot 2^{-4}}{6^{-3} \cdot 3^2 \cdot 10^{-3}} = \frac{6^3 \cdot 10^3}{(-5)^2 \cdot 2^4 \cdot 3^2} = \frac{(2 \cdot 3)^3 \cdot (2 \cdot 5)^3}{5^2 \cdot 2^4 \cdot 3^2} = \frac{2^3 \cdot 3^3 \cdot 2^3 \cdot 5^3}{5^2 \cdot 2^4 \cdot 3^2} = \frac{2^6 \cdot 3^3 \cdot 5^3}{5^2 \cdot 2^4 \cdot 3^2} = 2^2 \cdot 3 \cdot 5 = 4 \cdot 3 \cdot 5 = 60$

Regel **7)**, Zerlege in Primfaktoren, Regel **2)**, Regel **1)**, Regel **4)** bzw. Kürzen, Ausrechnen

l) $\left(\frac{a^{-3} \cdot b^{-2}}{c^{-2}}\right)^{-2} : \frac{(a^{-1} \cdot b)^{-1}}{(c^{-2})^{-3}} \cdot \left(\frac{a \cdot b^{-3}}{c^2}\right)^4 = \frac{a^{(-3)\cdot(-2)} \cdot b^{(-2)\cdot(-2)}}{c^{(-2)\cdot(-2)}} : \frac{a^{(-1)\cdot(-1)} \cdot b^{(-1)}}{c^{(-2)\cdot(-3)}} \cdot \frac{a^4 \cdot b^{(-3)\cdot 4}}{c^{2 \cdot 4}} = \frac{a^6 \cdot b^4}{c^4} : \frac{a \cdot b^{-1}}{c^6} \cdot \frac{a^4 \cdot b^{-12}}{c^8} =$

$= \frac{a^6 \cdot b^4}{c^4} : \frac{a}{b \cdot c^6} \cdot \frac{a^4}{b^{12} \cdot c^8} = \frac{a^6 \cdot b^4}{c^4} \cdot \frac{b \cdot c^6}{a} \cdot \frac{a^4}{b^{12} \cdot c^8} = \frac{a^{10} \cdot b^5 \cdot c^6}{a \cdot b^{12} \cdot c^{12}} = \frac{a^9}{b^7 \cdot c^6}$ Regel **3), 7)**

Ein Elektron hat die Masse von $9{,}1 \cdot 10^{-31}$ kg. Berechne, wie viele Elektronen zusammen die Masse von 1 kg haben.
Beachte: Die Zahl $9{,}1 \cdot 10^{-31}$ ist in Gleitkommadarstellung angegeben (siehe Aufsteigen in Mathematik, 5. Klasse).

1 kg : $9{,}1 \cdot 10^{-31}$ kg = $1{,}098.. \cdot 10^{30}$
In 1 kg sind rund $1{,}1 \cdot 10^{30}$ Elektronen enthalten.

Potenzen mit ganzen Zahlen als Exponent

1 Berechne!

a) 3^4 **b)** $(-2)^3$ **c)** $(-1)^{2n+1}$ **d)** $1{,}5^2$

2 Vereinfache!

a) $8 \cdot 2^n$ **b)** $x^{-2} \cdot x^{2x+1}$ **c)** $a^x \cdot a^3$ **d)** $5x^{2n+1} \cdot y^{3m-1} \cdot 2x^{n-1} \cdot y^{m+3}$

3 Berechne!

a) $(2x)^3$ **b)** $(-3a)^4$ **c)** $(3ab)^2$

d) $(-4xy)^3$ **e)** $(-2rs)^4$ **f)** $(0{,}5x)^2$

4 Berechne!

a) $2^2 \cdot 3^2$ **b)** $1{,}5^3 \cdot 2^3$ **c)** $x^2 \cdot 2y^2$

d) $(-2)^2 \cdot 4^2$ **e)** $(-a)^2 \cdot (-b)^2$ **f)** $x^4 \cdot (-y)^4$

5 Berechne!

a) $9^2 : 3^2$ **b)** $28^2 : 7^2$ **c)** $(-64)^2 : (-16)^2$

d) $\left(2\frac{1}{3}\right)^3 : \left(3\frac{1}{2}\right)^3$ **e)** $(-6{,}25)^3 : (1{,}25)^3$ **f)** $\left(4\frac{2}{3}\right)^4 : \left(-2\frac{4}{5}\right)^4$

6 Vereinfache!

a) $(4ab)^3 : (2b)^3$ **b)** $\left(\frac{3}{5}xy\right)^2 : \left(\frac{2}{5}x\right)^2$ **c)** $(a^2 - b^2)^5 : (a - b)^5$ **d)** $9^3 : (-3)^3$

7 Vereinfache und stelle mit positiven Exponenten dar!

a) a^{-2} **b)** x^{-3} **c)** b^{-4}

d) $4x^{-1}$ **e)** $x^3 \cdot y^{-2}$ **f)** $x^{-2} \cdot y$

8 Schreibe ohne Nenner an!

a) $\frac{2x}{b^2}$ **b)** $\frac{1}{x^2}$ **c)** $\frac{3}{x}$ **d)** $\frac{1}{10^2}$

9 Vereinfache und stelle mit positiven Exponenten dar!

a) $a^3 \cdot a^{-2}$ **b)** $b^0 \cdot b^{-2}$ **c)** $4x^3 \cdot x^{-1}$

d) $3x^{-2} : x^2$ **e)** $a^{-2} : a^{-3}$ **f)** $2a^6 : a^{-1}$

10 Vereinfache und stelle mit positiven Exponenten dar!

a) $\frac{3^{-2} \cdot 3^{5}}{3^{-4}}$ b) $\frac{10^{-3}}{10^{4} \cdot 10^{-8}}$ c) $\frac{2^{-4} \cdot 2^{-3}}{2^{-1} \cdot 2^{-2}}$

d) $\frac{2^{-2} \cdot 10^{3} \cdot 6^{2}}{4^{-1} \cdot 5^{-4} \cdot 3^{5}}$ e) $\frac{12^{-2} \cdot 5^{-3}}{2^{-3} \cdot 3^{2} \cdot 5^{-1}}$ f) $\frac{(-15)^{-2} \cdot 9^{-3} \cdot 2^{4}}{6^{4} \cdot (-10)^{-3}}$

11 Vereinfache und stelle mit positiven Exponenten dar!

a) $\frac{a^{-1} \cdot b^{4} \cdot c^{-2}}{a^{-5} \cdot b^{3} \cdot c^{2}}$ b) $\frac{10x^{3} \cdot y^{5} \cdot z^{-1}}{2x^{-5} \cdot y^{-4} \cdot z^{6}}$

12 Vereinfache und stelle mit positiven Exponenten dar!

a) $(a^2)^{-3}$ b) $(x^{-1})^{-5}$ c) $3(x^2y)^{-1}$ d) $(ab^{-2})^{-1}$

13 Vereinfache und stelle mit positiven Exponenten dar!

a) $(a^2b^{-3})^{-2} \cdot (a^{-3}b^2)^3$ b) $(3x^3y^{-1})^{-3} \cdot (x^2y^{-3})^2$

14 Vereinfache und stelle mit positiven Exponenten dar!

a) $\left(\frac{-9x^{-2}}{4y^{-1}}\right)^3 \cdot \left(\frac{2x^2}{3y^{-2}}\right)^4$ b) $\left(\frac{6a^2b}{2x^{-2}}\right)^{-3} : \left(-\frac{x^{-1}}{6ab^{-1}}\right)^3$

15 Ein Eisenstab von der Länge 1 m dehnt sich bei einer Temperaturerhöhung von 1°C um $1{,}2 \cdot 10^{-7}$ m. Um wie viele Millimeter verlängert sich ein 5 m langer Eisenstab bei einer Temperaturerhöhung um 50°C?

16 Ein Wasserstoffatom hat die Masse von ca. $1{,}67 \cdot 10^{-24}$ g. Berechne, wie viele Atome die Masse von 1 kg ergeben!

17 Der Durchmesser eines Stickstoffmoleküls beträgt $2{,}7 \cdot 10^{-5}$ mm. Wie viele Moleküle würden nebeneinander gereiht 1 cm ergeben?

Potenzen mit rationalen Zahlen als Exponent

Wurzel

Die n-te Wurzel einer Zahl a ≥ 0 ist jene Zahl b ≥ 0, deren n-te Potenz gleich a ist.
a, b∈ℝ mit a ≥ 0, b ≥ 0 und n∈ℕ*: $\sqrt[n]{a} = b \Leftrightarrow b^n = a$
Dabei heißt a Radikand, n Wurzelexponent und b (Wert der) Wurzel.
Diese Rechenoperation wird Wurzelziehen (oder Radizieren) genannt.

a) $\sqrt[4]{81} = 3$, weil $3^4 = 81$ Berechnung mit dem TR: 4 [ˣ√y] 81 [=] Ergebnis: 3
b) $\sqrt[5]{32} = 2$ **c)** $\sqrt[3]{27} = 3$ d) $\sqrt[3]{15{,}625} = 2{,}5$

Potenzen mit rationalem Exponenten

$\sqrt[n]{a} = b \quad \Leftrightarrow \quad b^n = a$

$\sqrt[n]{a} = b \quad |^n$

$\left(\sqrt[n]{a}\right)^n = b^n$ Einsetzen

$\left(\sqrt[n]{a}\right)^n = a$

Ausgehend von der Definition erhält man einen Zusammenhang zwischen Potenzieren und Wurzelziehen.

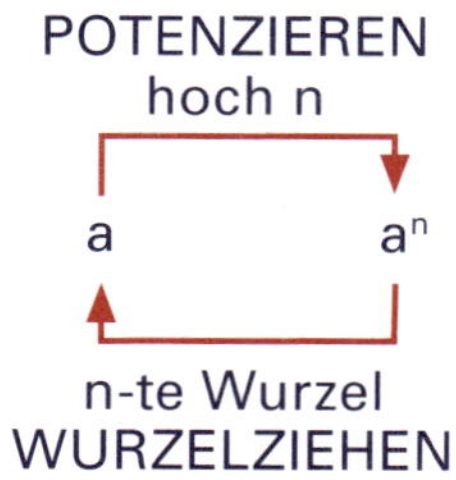

Potenzieren und Wurzelziehen heben einander auf, sie sind zueinander inverse Rechenoperationen.

Vereinfache und berechne! $\sqrt[4]{3^8} = \sqrt[4]{3^{2 \cdot 4}} =^* \sqrt[4]{(3^2)^4} = 3^2 = 9$ * Umkehrung der Regel **3)**

Das Ergebnis erhält man also, indem man den Exponenten der Potenz 8 durch den Wurzelexponenten 4 dividiert: also $\sqrt[4]{3^8} = 3^{\frac{8}{4}} = 3^2 = 9$

Zusammenhang Wurzel – Potenz:
$\sqrt[s]{a^r} = a^{r:s} = a^{\frac{r}{s}}$

Schreibe als Potenz mit rationalem Exponenten!
a) $\sqrt[3]{8^2} = 8^{\frac{2}{3}}$ **b)** $\sqrt[4]{7^5} = 7^{\frac{5}{4}}$ **c)** $\sqrt{3} = 3^{\frac{1}{2}}$ **d)** $\sqrt[3]{x^2} = x^{\frac{2}{3}}$ **e)** $2 \cdot \sqrt[5]{a^2} = 2 \cdot a^{\frac{2}{5}}$

Schreibe mit Wurzelzeichen!
a) $5^{\frac{1}{2}} = \sqrt[2]{5} = \sqrt{5}$ **b)** $6^{\frac{2}{3}} = \sqrt[3]{6^2} = \sqrt[3]{36}$ **c)** $-3x^{\frac{2}{5}} = -3 \cdot \sqrt[5]{x^2}$ **d)** $-a^{\frac{1}{3}} = -\sqrt[3]{a}$
Beachte in c) und d): Der Exponent bezieht sich jeweils auf die Basis.

Berechnen von beliebigen Wurzeln mit dem Taschenrechner

Berechne auf 4 Dezimalstellen genau!
a) $\sqrt[3]{4} = 1{,}58740\ldots = 1{,}5874$ TR: 3 [ˣ√] 4 [=]
Man kann den Wurzelwert auch unter Anwendung der Potenzschreibweise berechnen:
$\sqrt[3]{4} = 4^{\frac{1}{3}}$ TR: 4 [∧] [(] 1 [÷] 3 [)] [=] bei manchen TR: ist die Hochtaste: [yˣ]
Beachte: Der Exponent (= rationale Zahl) muss in Klammern angegeben werden.
b) $\sqrt[5]{0{,}75} = 0{,}94408\ldots = 0{,}9441$ TR: 5 [ˣ√] 0,75 [=]
c) $\sqrt[6]{\frac{2}{3}} = 0{,}93465\ldots = 0{,}9347$ Beachte: Man muss $\frac{2}{3}$ in Klammern setzen.
d) $\sqrt[8]{15{,}3} = 1{,}40632\ldots = 1{,}4063$
e) $\sqrt[4]{1\,000} = 5{,}62341\ldots = 5{,}6234$

Für die Potenzen mit rationalen Zahlen als Exponenten gelten dieselben Rechenregeln wie für Potenzen mit ganzen Zahlen als Exponenten.

Vereinfache und gib die verwendete Rechenregel an!

a) $3^2 \cdot 3^{\frac{1}{3}} = 3^{2+\frac{1}{3}} = 3^{\frac{7}{3}}$ Regel **1)**

b) $2^{\frac{1}{2}} \cdot 2^{\frac{1}{2}} = 2^{\frac{1}{2}+\frac{1}{2}} = 2^1 = 2$ Regel **1)**

c) $1{,}5^{\frac{2}{3}} : 1{,}5^{-2} = 1{,}5^{\frac{2}{3}-(-2)} = 1{,}5^{\frac{2}{3}+2} = 1{,}5^{\frac{8}{3}}$ **4)**

d) $(5^{\frac{1}{2}})^2 = 5^{\frac{1}{2}\cdot 2} = 5^1 = 5$ **3)**

Beachte den Zusammenhang zwischen Wurzel- und Potenzschreibweise.
Im letzten Beispiel könnte die Angabe auch so lauten:

a) $3^2 \cdot \sqrt[3]{3} = 3^2 \cdot 3^{\frac{1}{3}} = 3^{2+\frac{1}{3}} = 3^{\frac{7}{3}} = \sqrt[3]{3^7}$

b) $\sqrt{2} \cdot \sqrt{2} = 2^{\frac{1}{2}} \cdot 2^{\frac{1}{2}} = 2^{\frac{1}{2}+\frac{1}{2}} = 2^1 = 2$

c) $\sqrt[3]{1{,}5^2} : 1{,}5^{-2} = 1{,}5^{\frac{2}{3}-(-2)} = 1{,}5^{\frac{2}{3}+2} = 1{,}5^{\frac{8}{3}} = \sqrt[3]{1{,}5^8}$

d) $(\sqrt{5})^2 = (5^{\frac{1}{2}})^2 = 5^{\frac{1}{2}\cdot 2} = 5^1 = 5$

Berechne!

a) $(4^{-3})^{\frac{2}{3}} = 4^{-3\cdot\frac{2}{3}} = 4^{-2} = \frac{1}{4^2} = \frac{1}{16}$ **3)**

b) $2^{\frac{1}{3}} \cdot 4^{\frac{1}{3}} = (2 \cdot 4)^{\frac{1}{3}} = 8^{\frac{1}{3}}$ **2)**

c) $30^{\frac{2}{3}} : 5^{\frac{2}{3}} = (30 : 5)^{\frac{2}{3}} = 6^{\frac{2}{3}}$ **4)**

d) $(\frac{1}{4})^{\frac{1}{4}} \cdot 64^{\frac{1}{4}} = (\frac{1}{4} \cdot 64)^{\frac{1}{4}} = 16^{\frac{1}{4}}$ **2)**

Rechnen mit Wurzeln

Beim Rechnen mit Wurzeln verwandle zunächst in die Potenzschreibweise und wende die Potenzrechenregeln an. Zum Schluss kann man wieder die Wurzelschreibweise wählen.

Vereinfache!

a) $\sqrt{a} \cdot \sqrt[3]{a} = a^{\frac{1}{2}} \cdot a^{\frac{1}{3}} = a^{\frac{1}{2}+\frac{1}{3}} = a^{\frac{3}{6}+\frac{2}{6}} = a^{\frac{5}{6}} = \sqrt[6]{a^5}$

b) $\sqrt[3]{3x} \cdot \sqrt[3]{2x} = (3x)^{\frac{1}{3}} \cdot (2x)^{\frac{1}{3}} = (3x \cdot 2x)^{\frac{1}{3}} = (6x^2)^{\frac{1}{3}} = \sqrt[3]{6x^2}$

Aus diesem Bespiel ergibt sich die Formel: $\sqrt[n]{a} \cdot \sqrt[n]{b} = \sqrt[n]{a \cdot b}$

c) $\sqrt[5]{\frac{a}{3}} \cdot \sqrt[5]{\frac{27}{a}} = \sqrt[5]{\frac{a}{3} \cdot \frac{27}{a}}\ * = \sqrt[5]{9}$ * Kürzen durch a bzw. 3

d) $\sqrt[7]{a^3} \cdot \sqrt[7]{a} = (a^3)^{\frac{1}{7}} \cdot (a)^{\frac{1}{7}} = (a^3 \cdot a)^{\frac{1}{7}} = (a^4)^{\frac{1}{7}} = \sqrt[7]{a^4}$

Aus diesem Bespiel ergibt sich die Formel: $\sqrt[n]{a} : \sqrt[n]{b} = \sqrt[n]{a : b} = \sqrt[n]{\frac{a}{b}}$

e) $\frac{\sqrt[3]{128}}{\sqrt[3]{16}} = \sqrt[3]{\frac{128}{16}}\ * = \sqrt[3]{8} = \sqrt[3]{2^3} = 2$ * Kürzen durch 16

Vereinfache!

a) $\sqrt{2} \cdot \sqrt[4]{5} = 2^{\frac{1}{2}} \cdot 5^{\frac{1}{4}} =$ Die Exponenten müssen auf gleichen Nenner gebracht werden.

$= 2^{\frac{2}{4}} \cdot 5^{\frac{1}{4}} =$ Zerlege $\frac{2}{4} = 2 \cdot \frac{1}{4}$

$= (2^2)^{\frac{1}{4}} \cdot 5^{\frac{1}{4}} =$

$= (2^2 \cdot 5)^{\frac{1}{4}} = \sqrt[4]{2^2 \cdot 5} = \sqrt[4]{4 \cdot 5} = \sqrt[4]{20}$

b) $\sqrt[3]{a^2} \cdot \sqrt[4]{a^3} = a^{\frac{2}{3}} \cdot a^{\frac{3}{4}} = a^{\frac{2}{3}+\frac{3}{4}} = a^{\frac{8}{12}+\frac{9}{12}} = a^{\frac{17}{12}} = \sqrt[12]{a^{17}}$

c) $\sqrt{\sqrt{5}} = \sqrt{5^{\frac{1}{2}}} = (5^{\frac{1}{2}})^{\frac{1}{2}} = 5^{\frac{1}{2}\cdot\frac{1}{2}} = 5^{\frac{1}{4}} = \sqrt[4]{5}$

d) $\sqrt[3]{a^2 \cdot \sqrt[4]{a}} = \sqrt[3]{a^2 \cdot a^{\frac{1}{4}}} = \sqrt[3]{a^{\frac{8}{4}+\frac{1}{4}}} = \sqrt[3]{a^{\frac{9}{4}}} = (a^{\frac{9}{4}})^{\frac{1}{3}} = a^{\frac{9}{4}\cdot\frac{1}{3}} = a^{\frac{3}{4}} = \sqrt[4]{a^3}$

Partielles (Teilweises) Wurzelziehen

Vereinfache!

a) $\sqrt[3]{54} =$ — 54 lässt sich in das Produkt aus $27 = 3^3$ und 2 zerlegen.

$= \sqrt[3]{3^3 \cdot 2} =$ — Durch Anwenden der Formel $\sqrt[n]{a \cdot b} = \sqrt[n]{a} \cdot \sqrt[n]{b}$ kann aus dem

$= \sqrt[3]{3^3} \cdot \sqrt[3]{2} = 3 \cdot \sqrt[3]{2}$ — Faktor 3^3 die Wurzel gezogen werden.

b) $\sqrt[4]{x^8 y} = \sqrt[4]{(x^2)^4 \cdot y} =$ — Oder durch Umwandeln in die Potenzschreibweise

$= \sqrt[4]{(x^2)^4} \cdot \sqrt[4]{y} = x^2 \cdot \sqrt[4]{y}$ — $\sqrt[4]{x^8 y} = (x^8 \cdot y)^{\frac{1}{4}} = (x^8)^{\frac{1}{4}} \cdot y^{\frac{1}{4}} = x^{\frac{8}{4}} \cdot y^{\frac{1}{4}} = x^2 \cdot \sqrt[4]{y}$

Berechne!

a) $(\sqrt[3]{32} - \sqrt[3]{16}) \cdot \sqrt[3]{4} =$

$= \sqrt[3]{32} \cdot \sqrt[3]{4} - \sqrt[3]{16} \cdot \sqrt[3]{4} =$

$= \sqrt[3]{128} - \sqrt[3]{64} =$

$= \sqrt[3]{64 \cdot 2} - \sqrt[3]{64} =$

$= \sqrt[3]{4^3 \cdot 2} - \sqrt[3]{4^3} =$

$= \sqrt[3]{4^3} \cdot \sqrt[3]{2} - \sqrt[3]{4^3} = 4 \cdot \sqrt[3]{2} - 4$

b) $\sqrt{6} \cdot (\sqrt{24} + 2 \cdot \sqrt{6}) =$

$\sqrt{6} \cdot \sqrt{24} + 2 \cdot \sqrt{6} \cdot \sqrt{6} =$

$= \sqrt{144} + 2 \cdot (\sqrt{6})^2 =$

$= 12 + 2 \cdot 6 = 12 + 12 = 24$

Bringe den vor der Wurzel stehenden Ausdruck unter die Wurzel!

a) $2 \cdot \sqrt{5} =$ — Umkehrung des partiellen Wurzelziehens

$= \sqrt{2^2} \cdot \sqrt{5} = \sqrt{2^2 \cdot 5} =$ — Die Zahl 2 muss quadriert werden, um sie als Faktor unter die Quadratwurzel zu bringen.

$= \sqrt{4 \cdot 5} = \sqrt{20}$

b) $5 \cdot \sqrt[3]{2} =$ — 5 lässt sich in der Form $\sqrt[3]{5^3}$ darstellen.

$= \sqrt[3]{5^3} \cdot \sqrt[3]{2} = \sqrt[3]{5^3 \cdot 2} = \sqrt[3]{125 \cdot 2} = \sqrt[3]{250}$

c) $y \cdot \sqrt{\frac{x}{y}} =$ — *Beachte:* $y = \sqrt{y^2}$

$= \sqrt{y^2} \cdot \sqrt{\frac{x}{y}} = \sqrt{y^2 \cdot \frac{x}{y}} = \sqrt{\frac{y^2 \cdot x}{y}} = \sqrt{x \cdot y}$

d) $(a - b) \cdot \sqrt[3]{\frac{1}{a-b}} =$ — *Beachte:* $(a - b) = \sqrt[3]{(a - b)^3}$

$= \sqrt[3]{(a - b)^3} \cdot \sqrt[3]{\frac{1}{a-b}} = \sqrt[3]{\frac{(a-b)^3}{a-b}} = \sqrt[3]{(a - b)^2}$

Wurzelfreimachen (Rationalmachen) des Nenners

Dabei wird ein Bruch, bei dem im Nenner Wurzeln vorkommen, so erweitert, dass die Wurzeln wegfallen und im Nenner keine Wurzeln mehr vorkommen, d. h. nur mehr rationale Zahlen stehen.

Vereinfache durch Rationalmachen des Nenners!

a) $\frac{1}{\sqrt{3}} =$ — Erweitern mit $\sqrt{3}$

$= \frac{1}{\sqrt{3}} \cdot \frac{\sqrt{3}}{\sqrt{3}} = \frac{\sqrt{3}}{\sqrt{3} \cdot \sqrt{3}} = \frac{\sqrt{3}}{(\sqrt{3})^2} = \frac{\sqrt{3}}{3}$ — *Beachte:* Potenzieren und Wurzelziehen heben einander auf.

b) $\frac{x}{\sqrt{x}} =$ Erweitern mit $\sqrt{x}$

$= \frac{x}{\sqrt{x}} \cdot \frac{\sqrt{x}}{\sqrt{x}} = \frac{x \cdot \sqrt{x}}{(\sqrt{x})^2} = \frac{x \cdot \sqrt{x}}{x} = \sqrt{x}$

c) $\frac{a^2 - b^2}{\sqrt{a-b}} =$ Erweitern mit $\sqrt{a-b}$

$= \frac{a^2 - b^2}{\sqrt{a-b}} \cdot \frac{\sqrt{a-b}}{\sqrt{a-b}} = \frac{(a^2 - b^2) \cdot \sqrt{a-b}}{(\sqrt{a-b})^2} = \frac{(a^2 - b^2) \cdot \sqrt{a-b}}{a - b} =$

$= \frac{(a - b) \cdot (a + b) \cdot \sqrt{a-b}}{a - b} = (a + b) \cdot \sqrt{a-b}$

Zerlege $a^2 - b^2$ nach der Formel:
$a^2 - b^2 = (a - b) \cdot (a + b)$

d) $\frac{5x - 7y}{\sqrt{25x^2 - 49y^2}} =$ Erweitern mit $\sqrt{25x^2 - 49y^2}$

$= \frac{5x - 7y}{\sqrt{25x^2 - 49y^2}} \cdot \frac{\sqrt{25x^2 - 49y^2}}{\sqrt{25x^2 - 49y^2}} = \frac{(5x - 7y) \cdot \sqrt{25x^2 - 49y^2}}{(\sqrt{25x^2 - 49y^2})^2} =$

$= \frac{(5x - 7y) \cdot \sqrt{25x^2 - 49y^2}}{25x^2 - 49y^2} = \frac{(5x - 7y) \cdot \sqrt{25x^2 - 49y^2}}{(5x - 7y) \cdot (5x + 7y)} =$

$= \frac{\sqrt{25x^2 - 49y^2}}{(5x + 7y)}$

Zerlege $25x^2 - 49y^2$ nach der Formel
$25x^2 - 49y^2 = (5x - 7y) \cdot (5x + 7y)$
und kürze durch $5x - 7y$

e) $\frac{\sqrt{6} - \sqrt{5}}{\sqrt{6} + \sqrt{5}} =$

$= \frac{\sqrt{6} - \sqrt{5}}{\sqrt{6} + \sqrt{5}} \cdot \frac{\sqrt{6} - \sqrt{5}}{\sqrt{6} - \sqrt{5}} =$

$= \frac{(\sqrt{6} - \sqrt{5}) \cdot (\sqrt{6} - \sqrt{5})}{(\sqrt{6} + \sqrt{5}) \cdot (\sqrt{6} - \sqrt{5})} =$

$= \frac{(\sqrt{6} - \sqrt{5})^2}{6 - 5} =$

$= \frac{(\sqrt{6} - \sqrt{5})^2}{1} = (\sqrt{6} - \sqrt{5})^2 =$

$= (\sqrt{6})^2 - 2 \cdot \sqrt{6} \cdot \sqrt{5} + (\sqrt{5})^2$

$= 6 - 2 \cdot \sqrt{30} + 5 = 11 - 2 \cdot \sqrt{30}$

Beachte: Man muss mit $\sqrt{6} - \sqrt{5}$ erweitern.

Durch Anwenden der Formel
$(a + b) \cdot (a - b) = a^2 - b^2$ fällt im Nenner
die Wurzel weg.

Formel: $(a - b)^2 = a^2 - 2ab + b^2$

f) $\frac{1}{\sqrt[3]{a}} =$

$= \frac{1}{\sqrt[3]{a}} \cdot \frac{\sqrt[3]{a^2}}{\sqrt[3]{a^2}} =$

$= \frac{\sqrt[3]{a^2}}{\sqrt[3]{a} \cdot \sqrt[3]{a^2}} \cdot \frac{\sqrt[3]{a^2}}{\sqrt[3]{a^3}} = \frac{\sqrt[3]{a^2}}{a}$

Damit die dritte Wurzel wegfällt,
muss man mit $\sqrt[3]{a^2}$ erweitern.

g) $\frac{x - y}{\sqrt[3]{x} - \sqrt[3]{y}} =$

$= \frac{x - y}{\sqrt[3]{x} - \sqrt[3]{y}} \cdot \frac{\sqrt[3]{x^2} + \sqrt[3]{x} \cdot \sqrt[3]{y} + \sqrt[3]{y^2}}{\sqrt[3]{x^2} + \sqrt[3]{x} \cdot \sqrt[3]{y} + \sqrt[3]{y^2}} =$

$= \frac{(x - y) \cdot (\sqrt[3]{x^2} + \sqrt[3]{x} \cdot \sqrt[3]{y} + \sqrt[3]{y^2})}{x - y} =$

$= \sqrt[3]{x^2} + \sqrt[3]{x \cdot y} + \sqrt[3]{y^2}$

Erinnere dich an die Zerlegungsformel:
$a^3 - b^3 = (a - b) \cdot (a^2 + ab + b^2)$
Wenn man mit $\sqrt[3]{x^2} + \sqrt[3]{x} \cdot \sqrt[3]{y} + \sqrt[3]{y^2}$
erweitert und die Umkehrung der Formel
anwendet, fällt die Wurzel im Nenner weg.

Wurzelgleichungen

Gleichungen, in denen die Variable unter einer Wurzel vorkommt, heißen Wurzelgleichungen. Um eine Wurzelgleichung, in der nur Quadratwurzeln vorkommen, zu lösen, quadriert man die Gleichung. Quadrieren ist die entgegengesetzte Rechenoperation zum Quadratwurzelziehen.

Löse über der Grundmenge G = ℝ. Gib die Definitionsmenge an und führe eine Probe durch!

a) $\sqrt{x} - 3 = 0$ **b)** $\sqrt{x} + 3 = 0$

Da laut Definition der Wurzelradikand (=Zahl unter der Wurzel) nicht negativ (also ≥ 0) sein muss, gilt für die Definitionsmenge $D = \{x \in \mathbb{R} \mid x \geq 0\}$

a)
$\sqrt{x} = 3 \quad |^2$
$x = 9$

b)
$\sqrt{x} = -3 \quad |^2$
$x = 9$

Probe:

a)
LS: $\sqrt{9} - 3 = 3 - 3 = 0$
RS: 0
LS = RS w. A.
L = {9}

b)
LS: $\sqrt{9} + 3 = 3 + 3 = 6$
RS: 0
LS ≠ RS
L = { }
Die Gleichung hat in ℝ keine Lösung.

Beachte: Quadrieren ist offensichtlich nicht immer eine Äquivalenzumformung. Bei jeder Wurzelgleichung ist es daher notwendig, immer eine Probe auszuführen.

Löse über der Grundmenge G = ℝ. Gib die Definitionsmenge an und führe eine Probe durch!

a) $\sqrt{x - 3} - 1 = 0$

1. Definitionsmenge: $x - 3 \geq 0$
   $x \geq 3$ $\quad D = \{x \in \mathbb{R} \mid x \geq 3\}$
2. Lösen der Gleichung
   $\sqrt{x - 3} = 1 \quad |^2$
   $x - 3 = 1$
   $x = 4$

   Forme zunächst die Gleichung so um, dass die Wurzel „alleine" auf einer Seite steht („Isolieren" der Wurzel). Durch Quadrieren der Gleichung fällt die Wurzel weg.
3. Probe
   LS: $\sqrt{4 - 3} = \sqrt{1} = 1$
   RS: 1
   LS = RS w. A.

   4∈D und 4 erfüllt die Gleichung ⇒ L = {4}

b) $\sqrt{2x - 6} + \sqrt{2x - 1} = 5$

1. Definitionsmenge: Beide Wurzelradikanden müssen ≥ 0 sein.
   $(2x - 6 \geq 0) \wedge (2x - 1 \geq 0)$
   $(2x \geq 6) \wedge (2x \geq 1)$
   $(x \geq 3) \wedge (x \geq \frac{1}{2})$
   Es genügt, die Aussage $x \geq 3$ zu betrachten, da alle Zahlen größer gleich 3 auch größer gleich $\frac{1}{2}$ sind.
   $D = \{x \in \mathbb{R} \mid x \geq 3\}$

2. Lösen der Gleichung

Vor dem Quadrieren wird eine Wurzel isoliert.

$\sqrt{2x-6} = 5 - \sqrt{2x-1} \quad |^2$

$2x - 6 = 5^2 - 2 \cdot 5 \cdot \sqrt{2x-1} + (\sqrt{2x-1})^2$

$2x - 6 = 25 - 10 \cdot \sqrt{2x-1} + 2x - 1$

$2x - 6 = 24 - 10 \cdot \sqrt{2x-1} + 2x \quad |-2x-24$

$-30 = -10 \cdot \sqrt{2x-1} \quad |:(-10)$

$3 = \sqrt{2x-1} \quad |^2$

$9 = 2x - 1 \quad |+1$

$10 = 2x \quad |:2$

$x = 5$

Durch nochmaliges Quadrieren fällt auch die zweite Wurzel weg.

3. Probe

LS: $\sqrt{2 \cdot 5 - 6} + \sqrt{2 \cdot 5 - 1} = \sqrt{4} + \sqrt{9} = 2 + 3 = 5$

RS: 5

LS = RS w. A. $5 \in D$ und 5 erfüllt die Gleichung $\Rightarrow L = \{5\}$

c) $\sqrt{x-4} - \sqrt{x-1} = 1$

1. Definitionsmenge: Beide Wurzelradikanden müssen ≥ 0 sein.

$(x - 4 \geq 0) \wedge (x - 1 \geq 0)$

$(x \geq 4) \wedge (x \geq 1)$

Es genügt, die Aussage $x \geq 4$ zu betrachten. $D = \{x \in \mathbb{R} \mid x \geq 4\}$

2. Lösen der Gleichung

Vor dem Quadrieren wird eine Wurzel isoliert.

$\sqrt{x-4} = 1 + \sqrt{x-1} \quad |^2$

$x - 4 = 1^2 + 2 \cdot 1 \cdot \sqrt{x-1} + (\sqrt{x-1})^2$

$x - 4 = 1 + 2 \cdot \sqrt{x-1} + x - 1$

$x - 4 = 2 \cdot \sqrt{x-1} + x \quad |-x$

$-4 = 2 \cdot \sqrt{x-1} \quad |:2$

$-2 = \sqrt{x-1} \quad |^2$

$4 = x - 1 \quad |+1$

$x = 5$

3. Probe

LS: $\sqrt{5-4} - \sqrt{5-1} = \sqrt{1} - \sqrt{4} = 1 - 2 = -1$

RS: 1

LS $\neq$ RS $\Rightarrow L = \{\,\}$

Potenzen mit rationalen Zahlen als Exponent

1 Schreibe als Potenz mit rationalem Exponenten an!

a) $\sqrt[4]{x^3}$ **b)** $\sqrt[3]{a^2}$ **c)** $\sqrt{r+s}$

d) $\sqrt[5]{a^{-3}}$ **e)** $\sqrt[6]{x^3}$ **f)** $\sqrt[8]{a^{-4}}$

2 Schreibe mit Wurzelzeichen!

a) $x^{\frac{1}{2}}$ **b)** $y^{\frac{2}{3}}$ **c)** $a^{\frac{n}{2}}$ **d)** $x^{-\frac{3}{4}}$ **e)** $z^{-\frac{1}{2}}$ **f)** $a^{-\frac{1}{n}}$

3 Schreibe mit Wurzelzeichen und berechne!

a) $16^{\frac{1}{2}}$ **b)** $8^{\frac{2}{3}}$ **c)** $9^{\frac{3}{2}}$ **d)** $64^{-\frac{2}{3}}$

4 Vereinfache!

a) $\sqrt[3]{8a^6}$ **b)** $\sqrt{64a^4}$ **c)** $\sqrt[5]{32p^{10}}$

d) $\sqrt{\frac{16}{a^2}}$ **e)** $\sqrt[4]{\frac{256}{y^8}}$ **f)** $\sqrt[3]{\frac{a^6}{8}}$

5 Vereinfache

a) $\sqrt{75}$ **b)** $\sqrt{81a}$ **c)** $\sqrt{49b}$

d) $\sqrt{36xy^2}$ **e)** $\sqrt[3]{27x^3y^2}$ **f)** $\sqrt[5]{x^5y}$

6 Berechne!

a) $\sqrt{\frac{4}{25}}$ **b)** $\sqrt[3]{\frac{64}{27}}$ **c)** $\sqrt{\frac{81}{16}}$ **d)** $\sqrt[4]{\frac{256}{81}}$

7 Berechne!

a) $\frac{\sqrt{20}}{\sqrt{5}}$ **b)** $\frac{\sqrt[3]{32}}{2}$ **c)** $\frac{\sqrt[3]{x^2y^2}}{\sqrt[3]{xy^2}}$

8 Berechne!

a) $(\sqrt{50} + \sqrt{18}) \cdot \sqrt{2}$ **b)** $(\sqrt{45} - \sqrt{20}) \cdot \sqrt{5}$ **c)** $(\sqrt[3]{9} + \sqrt[3]{72}) \cdot \sqrt[3]{3}$

9 Berechne!

a) $(5 + \sqrt{3}) \cdot (2 + \sqrt{3})$ **b)** $(\sqrt{6} + \sqrt{2}) \cdot (3 - \sqrt{2})$

c) $(3 - 4\sqrt{5}) \cdot (8 + 2\sqrt{5})$ **d)** $(5 + 2\sqrt{7}) \cdot (3 - \sqrt{7})$

10 Vereinfache!

a) $\sqrt{\frac{a}{b}} : \sqrt{\frac{b}{a}}$

b) $\frac{\sqrt{x^2 - y^2} \cdot \sqrt{x - y}}{\sqrt{x + y}}$

c) $(r + s) \cdot \sqrt{\frac{r-s}{r+s}}$

d) $\frac{a + b}{a - b} \cdot \sqrt[3]{\frac{(a-b)^2}{a+b}}$

11 Schreibe unter eine Wurzel!

a) $2 \cdot \sqrt{2}$

b) $x \cdot \sqrt[3]{x}$

c) $xy \cdot \sqrt{3}$

d) $\sqrt{2} \cdot \sqrt[3]{2}$

e) $\sqrt{3} \cdot \sqrt[4]{3}$

f) $\sqrt[5]{3} \cdot \sqrt[10]{3}$

12 Schreibe unter eine Wurzel!

a) $\sqrt[4]{8a^3} : \sqrt[2]{2a^5}$

b) $\sqrt{\sqrt[3]{4}}$

c) $\sqrt{\sqrt[3]{16}}$

d) $3 \cdot \sqrt[4]{\sqrt[3]{64}}$

13 Vereinfache durch Rationalmachen des Nenners!

a) $\frac{1}{\sqrt{2}}$

b) $\frac{7}{\sqrt{7}}$

c) $\frac{12}{\sqrt{50}}$

d) $\frac{5}{\sqrt{10}}$

14 Vereinfache durch Rationalmachen des Nenners!

a) $\frac{2}{\sqrt[3]{2}}$

b) $\frac{4}{\sqrt[3]{2}}$

c) $\frac{2}{\sqrt[3]{5}}$

d) $\frac{8}{\sqrt[3]{4}}$

15 Vereinfache durch Rationalmachen des Nenners!

a) $\frac{a - b}{\sqrt{a-b}}$

b) $\frac{x^2 - y^2}{\sqrt{x+y}}$

c) $\frac{49x^2 - 25y^2}{\sqrt{7x+5y}}$

d) $\frac{25x^2 - 49y^2}{\sqrt{5x-7y}}$

e) $\frac{a^2 - 4b^2}{\sqrt{a+2b}}$

f) $\frac{4a^2 - b^2}{\sqrt{2a-b}}$

16 Vereinfache durch Rationalmachen des Nenners!

a) $\frac{1}{1 + \sqrt{2}}$

b) $\frac{5}{5 + \sqrt{5}}$

c) $\frac{11}{2\sqrt{5} + 3}$

d) $\frac{\sqrt{3}}{\sqrt{2} + \sqrt{3}}$

e) $\frac{\sqrt{6}}{\sqrt{3} - \sqrt{2}}$

f) $\frac{5 + \sqrt{3}}{5 - \sqrt{3}}$

17 Vereinfache durch Rationalmachen des Nenners!

a) $\frac{x - y}{\sqrt{x} - \sqrt{y}}$

b) $\frac{x - y}{\sqrt{x} + \sqrt{y}}$

c) $\frac{a^2 - b^2}{\sqrt{a} - \sqrt{b}}$

d) $\frac{a^2 - b^2}{\sqrt{a} + \sqrt{b}}$

Wurzelgleichungen

18 Löse über der Grundmenge G = $\mathbb{R}$. Gib die Definitionsmenge an und führe eine Probe durch!

a) $\sqrt{x+7} = 9$ **b)** $\sqrt{31-x} = 5$ **c)** $5\sqrt{x-5} = 15$

19 Löse über der Grundmenge G = $\mathbb{R}$. Gib die Definitionsmenge an und führe eine Probe durch!

a) $\sqrt{x} + \sqrt{x+27} = 9$ **b)** $\sqrt{3x-10} + \sqrt{3x-5} = 5$

c) $\sqrt{x-2} + \sqrt{x+6} =$ **d)** $\sqrt{x+11} - \sqrt{x-1} = 2$

20 Löse über der Grundmenge G = $\mathbb{R}$. Gib die Definitionsmenge an und führe eine Probe durch!

a) $\sqrt{2x-5} + \sqrt{2x+11} = 8$ **b)** $\sqrt{7x+1} - \sqrt{7x-10} = 1$ **c)** $\sqrt{3x+2} - \sqrt{3x-18} = 2$

21 Löse über der Grundmenge G = $\mathbb{R}$. Gib die Definitionsmenge an und führe eine Probe durch!

a) $\sqrt{4x+9} - \sqrt{x} = \sqrt{x+5}$ **b)** $\sqrt{x+2} + \sqrt{x-3} = \sqrt{4x-3}$ **c)** $2\sqrt{8x+1} = \sqrt{2x-1} + \sqrt{18x+7}$

22 Löse über der Grundmenge G = $\mathbb{R}$. Gib die Definitionsmenge an und führe eine Probe durch!

a) $\sqrt{x+13} - \sqrt{x+4} = \sqrt{x-3} - \sqrt{x-8}$ **b)** $\sqrt{x+6} + \sqrt{x-5} = \sqrt{x-14} + \sqrt{x+19}$

Potenzfunktion

Eine Funktion f: $\mathbb{R} \to \mathbb{R}$ mit der Funktionsgleichung $y = a \cdot x^r$ mit $a \in \mathbb{R} \setminus \{0\}$ und $r \in \mathbb{Z}$ wird als Potenzfunktion bezeichnet. (vergleiche dazu Aufsteigen in Mathematik, 5. Klasse).

Beachte: Ist der Exponent eine negative Zahl, muss $x \neq 0$ vorausgesetzt werden, d. h. die Definitionsmenge der Funktion ist dann $D = \mathbb{R} \setminus \{0\}$.

Zeichne den Graphen der Funktion im Intervall [–3; 3]

(1) $y = x^2$ (2) $y = 2x^2$ (3) $y = \frac{1}{2}x^4$ (4) $y = -2x^2$

Wertetabellen:

x	x^2	$2x^2$	$\frac{1}{2}x^4$	$-2x^2$
0	0	0	0	0
±0,5	0,25	0,5	0,03	–0,5
±1	1	2	0,5	–2
±1,5	2,25	4,5	2,53	–4,5
±2	4	8	8	–8
±3	9	18	40,5	–18

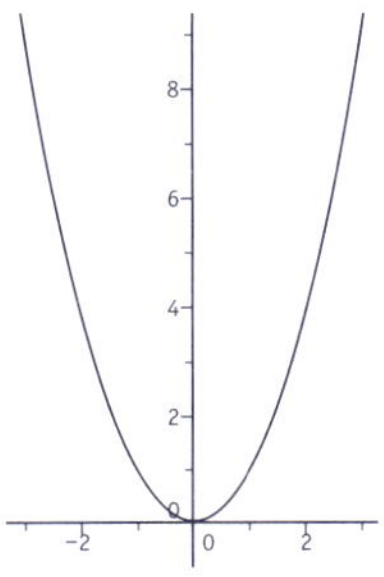

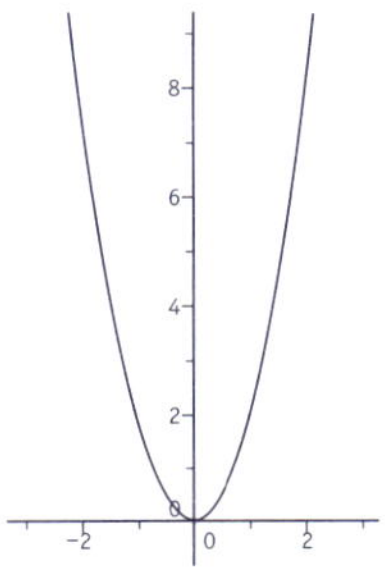

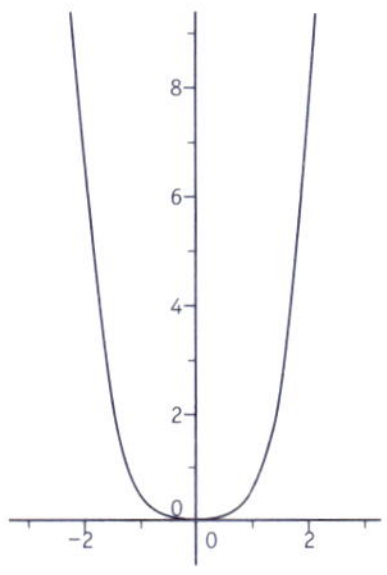

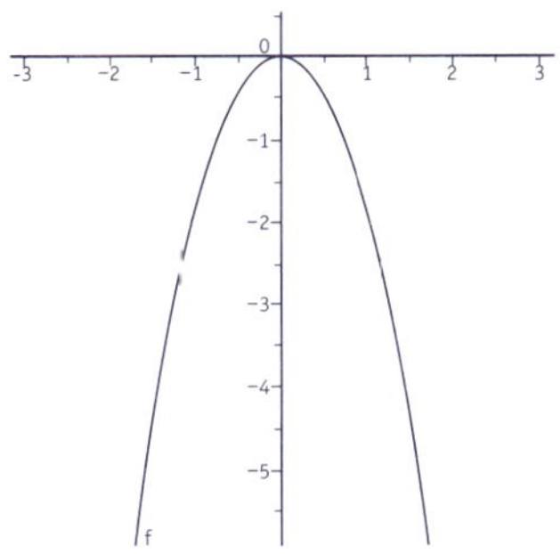

Die Graphen der Funktionen $y = ax^2$, $y = ax^4$ usw. sind Parabeln. Der höchste bzw. der niedrigste Punkt einer Parabel heißt Scheitel(punkt). Es gilt für den Scheitel S(0/0). Für $a > 0$ ist die Parabel nach oben geöffnet, für $a < 0$ ist die Parabel nach unten geöffnet. Der Graph jeder dieser Funktionen liegt symmetrisch zur y-Achse (Axialsymmetrie). Es gilt $f(x) = f(-x)$. Solche Funktionen werden als gerade Funktionen bezeichnet.

Zeichne den Graphen der Funktion im Intervall [–1,5; 1,5]

(1) $y = x^3$ (2) $y = x^5$ (3) $y = -2x^3$

x	x^3
–1,5	–3,38
–1,25	–1,95
–1	–1
–0,75	–0,42
–0,5	–0,13
0	0
0,5	0,13
0,75	0,42
1	1
1,25	1,95
1,5	3,38

x	x^5
–1,5	–7,59
–1,25	–3,05
–1	–1
–0,75	–0,24
–0,5	–0,03
0	0
0,5	0,03
0,75	0,24
1	1
1,25	3,05
1,5	7,59

x	$-2x^3$
–1,5	6,75
–1,25	3,91
–1	2
–0,75	0,84
–0,5	0,25
0	0
0,5	–0,25
0,75	–0,84
1	–2
1,25	–3,91
1,5	–6,75

(1) $y = x^3$

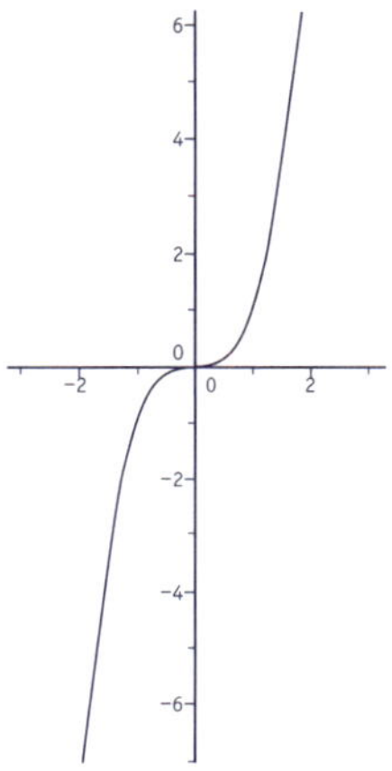

(2) $y = x^5$

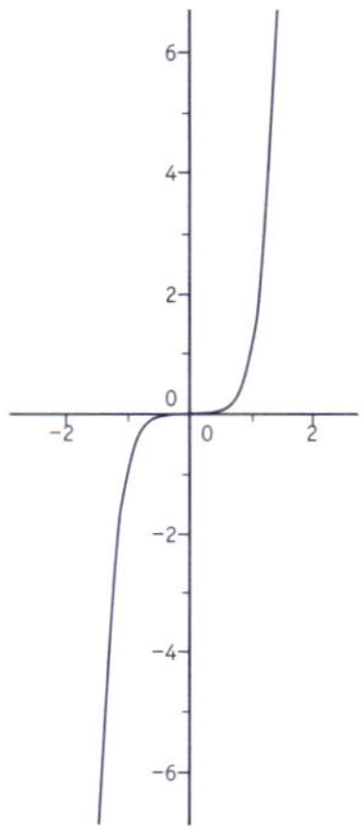

(3) $y = -2x^3$

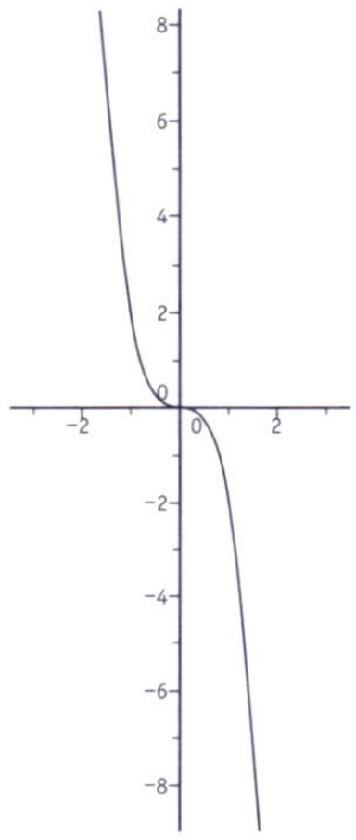

Die Graphen der Funktionen $y = ax^3$, $y = ax^5$ usw. sind Parabeln.
Der Graph jeder dieser Funktionen liegt symmetrisch zum Ursprung (Punktsymmetrie).
Es gilt $f(x) = -f(-x)$.
Solche Funktionen werden als ungerade Funktionen bezeichnet.

Zeichne den Graphen der Funktion im Intervall [–3; 3]

(1) $y = \frac{1}{x^2}$ (2) $y = \frac{1}{x^4}$ (3) $y = -\frac{1}{x^2}$

x	$\frac{1}{x^2}$	$\frac{1}{x^4}$	$-\frac{1}{x^2}$
0	Definitionslücke (Polstelle)		
±0,5	4	16	–4
±1	1	1	–1
±1,5	0,44	0,20	–0,44
±2	0,25	0,0	–0,25
±3	0,11	0,01	–0,11

Beachte: An der Stelle x = 0 ist keine dieser Funktionen definiert (Division durch null). Man spricht von so genannten Definitionslücken oder Polstellen (siehe Aufsteigen in Mathematik, 5. Klasse)

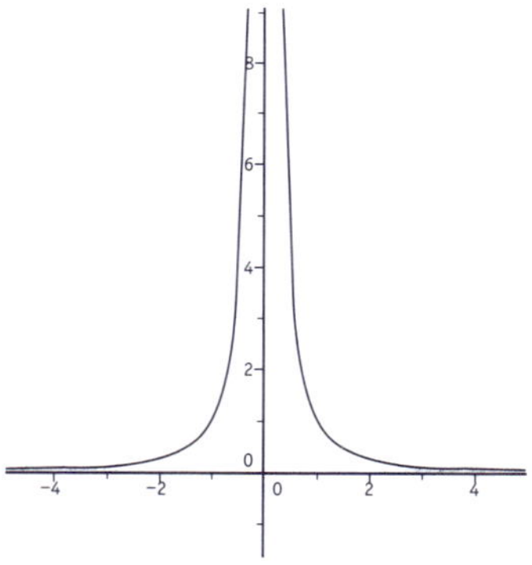

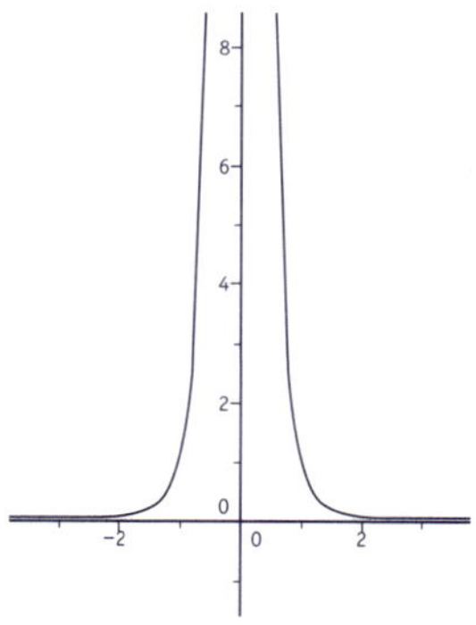

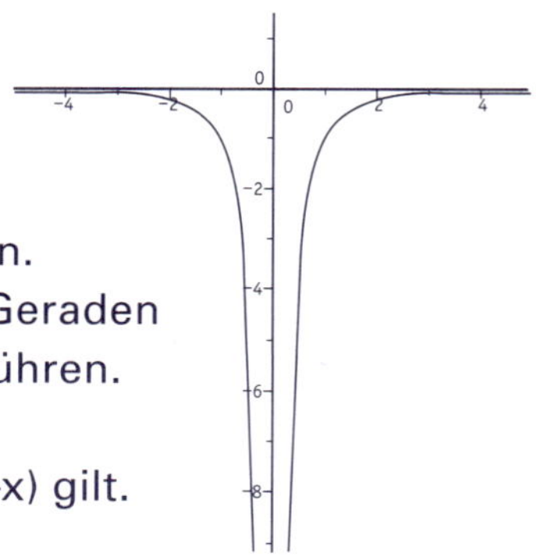

Die Graphen der Funktionen $y = \frac{a}{x^2}$, $y = \frac{a}{x^4}$ usw. sind Hyperbeln.
Die Graphen bestehen jeweils aus zwei Ästen, die sich zwei Geraden (hier sind es die Koordinatenachsen) nähern, ohne sie zu berühren.
Solche Geraden werden als Asymptoten bezeichnet.
Auch diese Funktionen sind gerade Funktionen, weil $f(x) = f(-x)$ gilt.

Zeichne den Graphen der Funktion im Intervall [–3; 3]

(1) $y = \frac{1}{x}$ (2) $y = -\frac{5}{x}$ (3) $y = \frac{1}{x^3}$

x	$\frac{1}{x}$	$-\frac{5}{x}$	$\frac{1}{x^3}$
–3	–0,33	1,67	–0,04
–2	–0,5	2,5	–0,13
–1	–1	5	–1
–0,5	–2	10	–8
–0,25	–4	20	–64
0	Definitionslücke (Polstelle)		
0,25	4	–20	64
0,5	2	–10	8
1	1	–5	1
2	0,5	–2,5	0,13
3	0,33	–1,67	0,04

(1) $y = \frac{1}{x}$

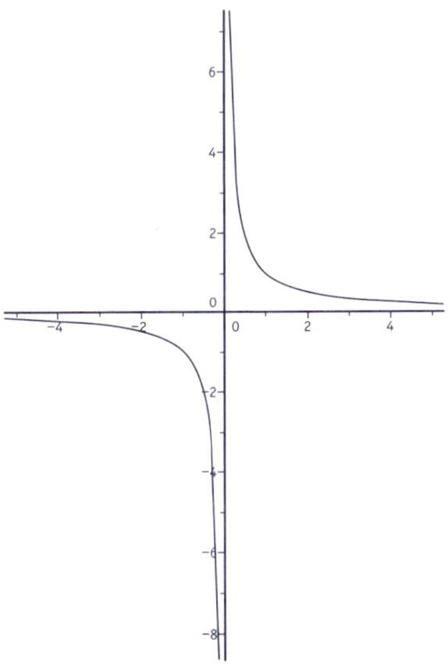

(2) $y = -\frac{5}{x}$

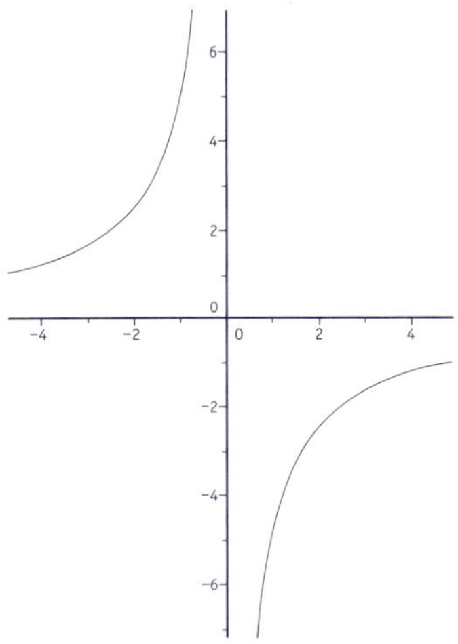

(3) $y = \frac{1}{x^3}$

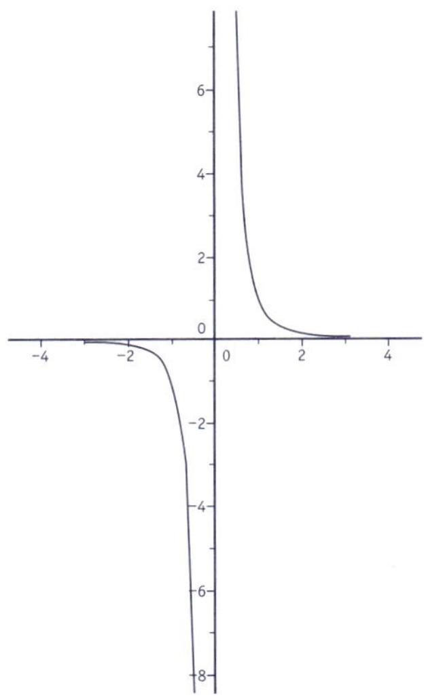

Die Graphen der Funktionen $y = \frac{a}{x}$, $y = \frac{a}{x^3}$ usw. sind Hyperbeln, wobei die Koordinatenachsen Asymptoten sind. Diese Funktionen sind ungerade Funktionen, weil $f(x) = -f(-x)$ gilt.

Wurzelfunktion

Eine Funktion f: $\mathbb{R}_0^+ \rightarrow \mathbb{R}_0^+$ mit der Funktionsgleichung $y = a \cdot \sqrt[n]{x}$ mit $a \in \mathbb{R} \setminus \{0\}$ und $n \in \mathbb{N}^*$ heißt Wurzelfunktion.

Zeichne den Graphen der Funktion im Intervall [0; 3]

(1) $y = 2 \cdot \sqrt{x}$ (2) $y = \sqrt[4]{x}$

x	$2 \cdot \sqrt{x}$	$\sqrt[4]{x}$
0	0	0
0,5	1,41	0,84
1	2	1
1,5	2,45	1,11
2	2,83	1,19
2,5	3,16	1,26
3	3,46	1,32

$y = 2 \cdot \sqrt{x}$

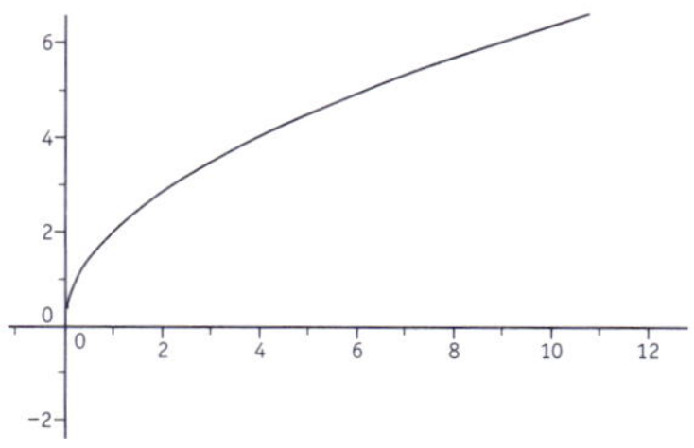

$y = \sqrt[4]{x}$

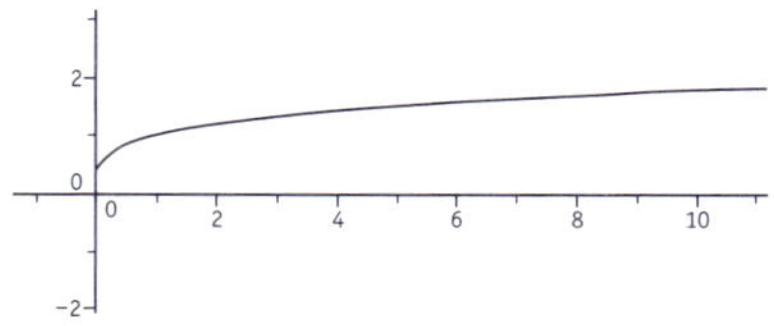

Bei einer Wurzelfunktion sind alle Funktionswerte größer oder gleich null, d. h. der Graph verläuft stets oberhalb der x-Achse.

Zeichne den Graphen der Funktion $y = x^3$ im Intervall [0; 1,5] und $y = \sqrt[3]{x}$ im Intervall [0; 3]

x	x^3
0	0
0,25	0,02
0,5	0,13
0,75	0,42
1	1
1,25	1,95
1,5	3,38

x	$\sqrt[3]{x}$
0	0
0,5	0,79
0,75	0,91
1	1
1,5	1,14
2	1,26
3	1,44

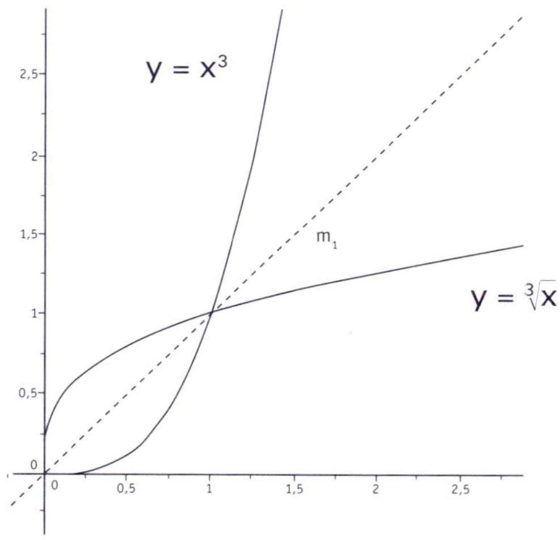

Funktionen, von denen eine aus der anderen durch Vertauschen von x und y entstehen, heißen Umkehrfunktionen.

$y = x^3$ vertauschen von x und y: $x = y^3 \rightarrow y = \sqrt[3]{x}$

bzw. $y = \sqrt[3]{x}$ vertauschen von x und y: $x = \sqrt[3]{y} \rightarrow y = x^3$

Beachte:

Die Graphen der Funktionen liegen symmetrisch zur Geraden y = x (1. Mediane m_1), d. h. sie gehen durch die Spiegelung an der Geraden mit der Gleichung y = x ineinander über.

Lineare Ungleichungen mit einer Variablen

Ungleichungen

> Werden zwei Terme $T_1(x)$ und $T_2(x)$ durch ein Ungleichheitszeichen verbunden, so entsteht eine Ungleichung: $T_1(x) \neq T_2(x)$
> Als Ungleichheitszeichen können auftreten
> $<$ … kleiner $\leq$ … kleiner (oder) gleich
> $>$ … größer $\geq$ … größer (oder) gleich

Beispiele für Ungleichungen: $3x < 5$, $x + 5 \geq 2$, $\frac{x+1}{2x-1} \leq -2$

Wird die Variable mit Zahlen aus einer Grundmenge G belegt, so entsteht eine Aussage. Alle Elemente, die die Ungleichung zu einer wahren Aussage machen, nennt man Lösung der Ungleichung. Sie werden in der Lösungsmenge L zusammengefasst. Im Gegensatz zu Gleichungen besteht die Lösungsmenge von Ungleichungen häufig aus Intervallen.

Äquivalente Ungleichungen

Ungleichungen heißen äquivalent, wenn sie bezüglich derselben Grundmenge dieselbe Lösungsmenge haben.

Äquivalenzumformungen

Umformungen, die eine Ungleichung in eine äquivalente Ungleichung überführen, heißen Äquivalenzumformungen. Diese werden zum Lösen einer Ungleichung verwendet.
Eine Ungleichung geht in eine äquivalente über, wenn

man zu beiden Seiten dieselbe Zahl (denselben Wert) addiert.
man von beiden Seiten dieselbe Zahl (denselben Wert) subtrahiert.
man beide Seiten mit derselben positiven Zahl multipliziert.
man beide Seiten durch dieselbe positive Zahl dividiert.

Beachte:

> Beim Multiplizieren mit einer negativen Zahl bzw. beim Dividieren durch eine negative Zahl dreht sich das Ungleichheitszeichen um.

Diesen Satz kann man am folgenden Beispiel veranschaulichen:

$2 < 5$

Multipliziert man beide Seiten der Ungleichung mit einer negativen Zahl zum Beispiel mit (-1), so entstehen die Zahlen -2 und -5.

Es gilt $-5 < -2$ oder $-2 > -5$

Zusammenfassung: $2 < 5 \quad | \cdot (-1) < 0$

$-2 > -5$

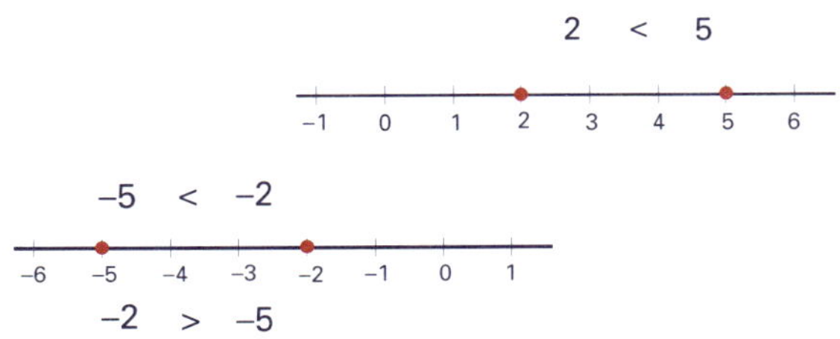

−2 liegt weiter rechts, ist also größer

Löse über der Grundmenge (1) $G_1 = \mathbb{N}$ (2) $G = \mathbb{R}$ und gib die Lösungsmenge auch graphisch an!

a) $2x + 3 < 7 \quad | -3$

$2x < 4 \quad | :2$

$x < 2$

$L_1 = \{0, 1\}$

Beachte: Man dividiert durch eine positive Zahl, das Ungleichheitszeichen bleibt gleich.

$L_2 = \{x \in \mathbb{R} \mid x < 2\}$

L_1 besteht aus 2 Punkten

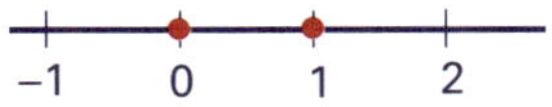

L_2 alle reellen Zahlen < 2

Rand (x = 2) gehört nicht zu L_2

Beachte: L_2 kann auch in Intervallschreibweise angegeben werden.

$L_2 = \{x \in \mathbb{R} \mid x < 2\} = [-\infty; 2[$ [… offene Klammer, da 2 nicht dazugehört

Zur Kontrolle der Rechnung setze eine Zahl der Lösungsmenge z. B. x = 1 ein. Da die Lösungsmenge (L_2) aus unendlich vielen Zahlen besteht, spricht man von einer Kontrolle (oder Stichprobe), da nicht für alle Zahlen überprüft werden kann, ob man eine wahre Aussage erhält.

LS: $2 \cdot 1 + 3 = 2 + 3 = 5$ Es gilt $5 < 7$

RS: 7 LS < RS w. A.

b) $\frac{3x}{5} \geq 2 + x \quad | \cdot 5$

$3x \geq 10 + 5x \quad | -5x$

$-2x \geq 10 \quad | :(-2) < 0$

$x \leq -5$

Beachte: Man dividiert durch eine positive Zahl, das Ungleichheitszeichen muss daher umgedreht werden.

$L_1 = \{\ \}$ $L_2 = \{x \in \mathbb{R} \mid x < -5\}$

graphische Darstellung:

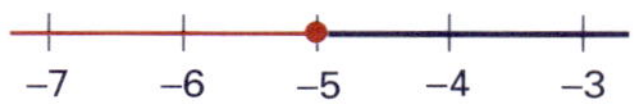

Rand x = – 5 gehört zu L_2

Kontrolle z. B. x = –10

LS: $\frac{3 \cdot (-10)}{5} = -6$ Es gilt $-6 \geq -8$

RS: $2 + (-10) = -8$ LS ≥ RS w. A.

Systeme von linearen Ungleichungen

Löse das Ungleichungssystem über der Grundmenge $G = \mathbb{R}$.

I $x + 5 \leq 8$

II $3x > x - 4$

Gesucht sind alle Elemente der Grundmenge, die sowohl die Ungleichung I UND auch die Ungleichung II lösen, d. h. die beiden Ungleichungen sind durch eine UND-Verknüpfung (Konjunktion) verbunden (siehe auch Aufsteigen in Mathematik, 5. Klasse).

$(x + 5 \leq 8) \wedge (3x > x - 4)$ Lösen jeder Ungleichung

$x + 5 \leq 8 \quad \mid -5$	$3x > x - 4 \quad \mid -x$
$x \leq 3$	$2x > -4 \quad \mid :2 > 0$
$L_1 = \{x \in \mathbb{R} \mid x \leq 3\}$	$x > -2$
	$L_2 = \{x \in \mathbb{R} \mid x > -2\}$

Die Lösungsmenge L des Systems enthält alle Elemente der Grundmenge, die sowohl in L_1 als auch in L_2 liegen (Konjunktion). L ist also die Durchschnittsmenge von L_1 und L_2.

$L = L_1 \cap L_2$

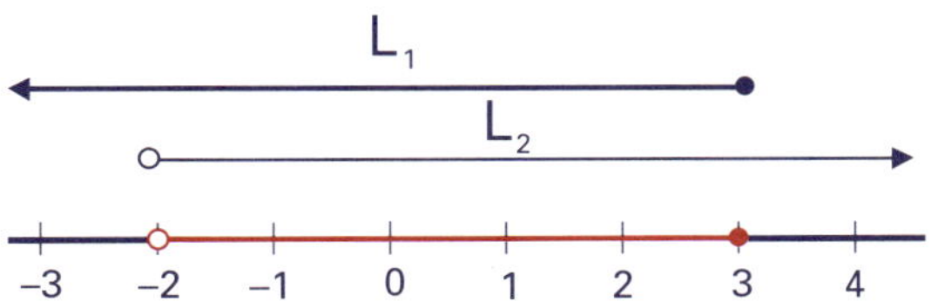

Mit Hilfe einer graphischen Darstellung lässt sich L leicht bilden.

$L = \{x \in \mathbb{R} \mid -2 < x \leq 3\}$

Kontrollen z. B: x = 1

I: LS: $1 + 5 = 6$	Es gilt $6 \leq 8$	II: LS: $3 \cdot 1 = 3$	Es gilt $3 > -3$
RS: 8	LS $\leq$ RS w. A.	RS: $1 - 4 = -3$	LS > RS w. A.

Löse das Ungleichungssystem $(4x - 3 < 1) \vee (-2x - 3 \leq -15)$
Die beiden Ungleichungen sind durch ein ODER verknüpft; es liegt eine Disjunktion vor.
Gesucht sind also alle Elemente der Grundmenge, die entweder die 1. Ungleichung ODER die 2. Ungleichung (oder beide) erfüllen.

$4x - 3 < 1$	$\mid + 3$	$-2x - 3 \leq -15$	$\mid + 3$
$4x < 4$	$\mid : 4 > 0$	$-2x \leq -12$	$\mid : (-2) < 0$
$x < 1$		$x \geq 6$	
$L_1 = \{x \in \mathbb{R} \mid x < 1\}$		$L_2 = \{x \in \mathbb{R} \mid x \geq 6\}$	

Die Lösungsmenge L des Systems enthält alle Elemente der Grundmenge, die entweder in L_1 oder in L_2 liegen (Disjunktion). L ist also die Vereinigungsmenge von L_1 und L_2.

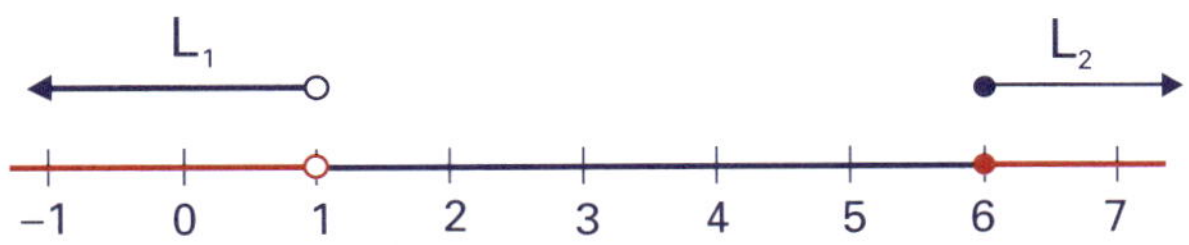

$L = L_1 \cup L_2 = = \{x \in \mathbb{R} \mid (x < 1) \vee (x \geq 6)\}$

Die Lösungsmenge besteht bei diesem Beispiel aus 2 Teilen. Für eine Kontrolle ist es sinnvoll, aus jedem dieser Teile eine Zahl zu wählen.

Kontrollen:

(1) x = 0 I: LS: $4 \cdot 0 - 3 = -3$ Es gilt: $-3 < 1$
RS: 1 LS < RS w. A.
x = 0 erfüllt die erste Ungleichung.

(2) x = 7 II: LS: $-2 \cdot 7 - 3 = -17$ Es gilt: $-17 \leq -15$
RS: -15 LS $\leq$ RS w. A.
x = 7 erfüllt die zweite Ungleichung.

Beachte: **Randpunkte, die nicht zur Menge gehören**, werden durch einen **offenen Kreis**, **Punkte, die zur Menge gehören**, durch einen **geschlossenen Kreis** angedeutet.

Bruchungleichungen

Löse über der Grundmenge G = ℝ. Bestimme die Definitionsmenge und stelle die Lösungsmenge auch graphisch dar!

a) $\frac{x+11}{x+1} \leq 3$

Definitionsmenge

$x + 1 \neq 0$

$x \neq -1 \qquad D = \mathbb{R}\backslash\{-1\}$

Um die Ungleichung bruchfrei zu machen, muss man mit dem Nenner multiplizieren. Der Wert des Nenners kann positiv, aber auch negativ sein. Man muss also Fallunterscheidungen durchführen.

1. Fall Nenner positiv → bei der Multiplikation bleibt das Ungleichheitszeichen gleich.

$x + 1 > 0$

$x > -1$

Lösen der Ungleichung.

$\frac{x+11}{x+1} \leq 3 \qquad |\cdot (x+1) > 0$

$x + 11 \leq 3 \cdot (x + 1)$

$x + 11 \leq 3x + 3 \qquad |-3x - 11$

$-2x \leq -8 \qquad |:(-2) < 0$

$x \geq 4$

Unter der Voraussetzung, dass der Nenner positiv ist, also $x > -1$, ergibt sich als Lösung $x \geq 4$. Man erhält eine Konjunktion der Bedingungen $(x > -1) \wedge (x \geq 4)$. Für die Lösungsmenge des 1. Falls ergibt sich:

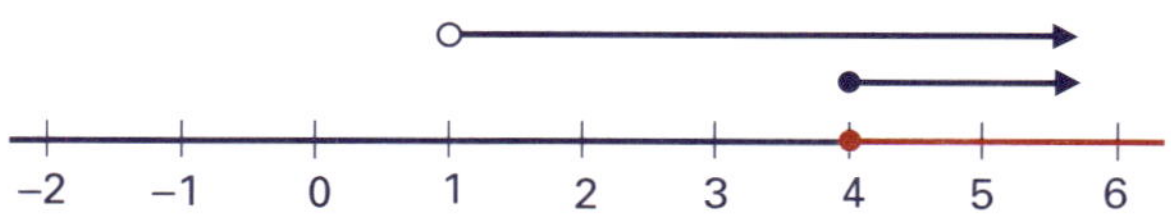

$L_1 = \{x \in \mathbb{R} \mid x \geq 4\}$

2. Fall Nenner negativ → bei der Multiplikation muss das Ungleichheitszeichen umgedreht werden.

$x + 1 < 0$

$x < -1$

Lösen der Ungleichung.

$\frac{x+11}{x+1} \leq 3 \qquad |\cdot (x+1) < 0$

$x + 11 \geq 3 \cdot (x + 1)$

$x + 11 \geq 3x + 3 \qquad |-3x - 11$

$-2x \geq -8 \qquad |:(-2) < 0$

$x \leq 4$

Unter der Voraussetzung, dass der Nenner negativ ist, also $x < -1$, ergibt sich als Lösung $x \leq 4$. Man erhält eine Konjunktion der Bedingungen $(x < -1) \wedge (x \leq 4)$. Für die Lösungsmenge des 2. Falls ergibt sich:

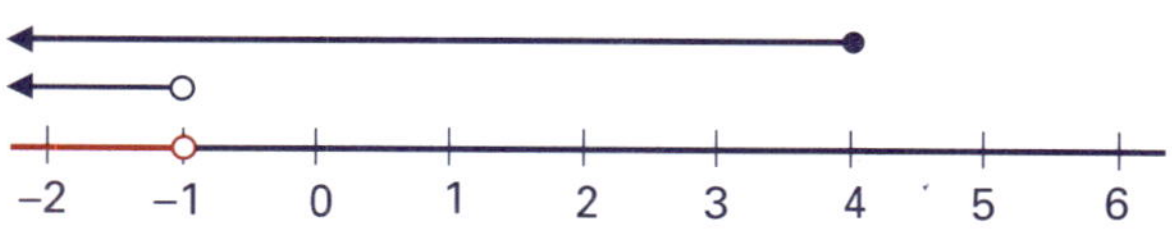

$L_2 = \{x \in \mathbb{R} \mid x < -1\}$

Die Gesamtlösungsmenge setzt sich aus allen Zahlen zusammen, die entweder den 1. Fall oder den 2. Fall erfüllen. Die beiden Fälle sind also disjunktiv verknüpft.

$L_1 = \{x \in \mathbb{R} \mid x \geq 4\}$ oder $L_2 = \{x \in \mathbb{R} \mid x < -1\}$

$L = L_1 \cup L_2$

$L = \{x \in \mathbb{R} \mid (x < -1) \vee (x \geq 4)\}$

Eine gute Art für die Kontrolle ist, aus jedem der Teilbereiche von $\mathbb{R}$ jeweils eine Zahl zu wählen:

(1) $x = -2$ aus dem „linken" Teil der Lösungsmenge

LS: $\frac{-2 + 11}{-2 + 1} = \frac{9}{-1} = -9$ $-9 \leq 3$

RS: 3 LS $\leq$ RS w. A.

(2) $x = 1$ liegt nicht in L, muss also eine falsche Aussage ergeben

LS: $\frac{1 + 11}{1 + 1} = \frac{12}{2} = 6$ $6 \leq 3$ f. A.

RS: 3

(3) $x = 5$ aus dem „rechten" Teil der Lösungsmenge

LS: $\frac{5 + 11}{5 + 1} = \frac{16}{6} = \frac{8}{3} = 2\frac{2}{3}$ $2\frac{2}{3} \leq 3$

RS: 3 LS $\leq$ RS w. A.

b) $\frac{x - 10}{4x + 9} > 2$

Definitionsmenge

$4x + 9 \neq 0$

$4x \neq -9$

$x \neq -\frac{9}{4}$ $D = \mathbb{R} \setminus \{-\frac{9}{4}\}$

1. Fall: $4x + 9 > 0$

$4x > -9$

$x > -\frac{9}{4}$

$x > -2\frac{1}{4}$

$\frac{x - 10}{4x + 9} > 2$ $\quad | \cdot (4x + 9) > 0$

$x - 10 > 2 \cdot (4x + 9)$

$x - 10 > 8x + 18$ $\quad | - 8x + 10$

$-7x > 28$ $\quad | : (-7) < 0$

$x < -4$

Innerhalb des Falls: Konjunktion:

$(x > -2\frac{1}{4}) \wedge (x < -4)$

Es gibt keine Zahl, die beide Bedingungen erfüllt. $\rightarrow L_1 = \{\ \}$

2. Fall: $4x + 9 < 0$

$4x < -9$

$x < -\frac{9}{4}$

$x < -2\frac{1}{4}$

$\frac{x - 10}{4x + 9} > 2$ $\quad | \cdot (4x + 9) < 0$

$x - 10 < 2 \cdot (4x + 9)$

$x - 10 < 8x + 18$ $\quad | - 8x + 10$

$-7x < 28$ $\quad | : (-7) < 0$

$x > -4$

Innerhalb des Falls: Konjunktion:

$(x < -2\frac{1}{4}) \wedge (x > -4)$

$L_2 = \{x \in \mathbb{R} \mid -4 < x < -2\frac{1}{4}\}$

Die Gesamtlösungsmenge ergibt sich aus der Disjunktion der beiden Fälle.

$L = L_1 \cup L_2 = L_2$ da $L_1 = \{\,\}$

$L = \{x \in \mathbb{R} \mid -4 < x < -2\frac{1}{4}\}$

Kontrollen:

(1) $-5 \notin L$, es muss sich eine falsche Aussage ergeben

LS: $\frac{-5-10}{4 \cdot (-5)+9} = \frac{-15}{-11} = \frac{15}{11}$

RS: 2 $\frac{15}{11} > 2$ f. A.

(2) $-3 \in L$, es muss sich eine wahre Aussage ergeben

LS: $\frac{-3-10}{4 \cdot (-3)+9} = \frac{-13}{-3} = \frac{13}{3}$

RS: 2 $\frac{13}{3} > 2$ w. A.

(3) $0 \notin L$, es muss sich eine falsche Aussage ergeben

LS: $\frac{0-10}{4 \cdot 0+9} = \frac{-10}{9} = -\frac{10}{9}$

RS: 2 $-\frac{10}{9} > 2$ f. A.

Betragsungleichungen

Erinnere dich an die Definition des Betrags einer Zahl (siehe Aufsteigen in Mathematik, 5. Klasse).
Der Betrag einer Zahl $a \in \mathbb{R}$ ist der Abstand der Zahl vom Nullpunkt auf der Zahlengeraden.

$$|a| = \begin{cases} a & \text{wenn a eine positive Zahl ist, also } a > 0 \\ 0 & \text{wenn } a = 0 \\ -a & \text{wenn a eine negative Zahl ist, also } a < 0 \end{cases}$$

Beachte: Ist $a < 0$, dann muss vor a ein negatives Vorzeichen gesetzt werden, um eine positive Zahl zu erhalten. $|-3| = -(-3) = +3 = 3$

Löse die Ungleichung über der Grundmenge $G = \mathbb{R}$!

$|2x - 1| \leq 5$

Wenn der Ausdruck innerhalb der Betragsstriche positiv ist, dann kann man diese weglassen.

I $\quad 2x - 1 \leq 5$

Ist der Ausdruck innerhalb der Betragsstriche negativ, so muss beim Weglassen der Betragsstriche vor dem Ausdruck ein negatives Vorzeichen gesetzt werden.

$-(2x - 1) \leq 5$ Diese Ungleichung kann umgeformt

$-(2x - 1) \leq 5 \quad | \cdot (-1) < 0$

$2x - 1 \geq -5$ oder von rechts nach links geschrieben werden.

II $\quad -5 \leq 2x - 1$

Ungleichung II und I kann man in einer Ungleichungskette angeben.

$-5 \leq 2x - 1$

$2x - 1 \leq 5$

$-5 \leq 2x - 1 \leq 5 \quad |+1$ Umformen, um x zu errechnen.

$-4 \leq 2x \leq 6 \quad |:2$

$-2 \leq x \leq 3$

Für die Lösungsmenge L gilt: $L = \{x \in \mathbb{R} \mid -2 \leq x \leq 3\}$

Kontrollen:

(1) $-3 \notin L$, es muss sich eine falsche Aussage ergeben

LS: $|2 \cdot (-3) - 1| = |-7| = 7$

RS: 5 $\quad 7 \leq 5$ f. A.

(2) $1 \in L$, es muss sich eine wahre Aussage ergeben

LS: $|2 \cdot 1 - 1| = |1| = 1$

RS: 5 $\quad 1 \leq 5$ w. A.

(3) $5 \notin L$, es muss sich eine falsche Aussage ergeben

LS: $|2 \cdot 5 - 1| = |9| = 9$

RS: 5 $\quad 9 \leq 5$ f. A.

Löse die Ungleichung über der Grundmenge $G = \mathbb{R}$!

$|x - 5| > 2$

Beim „Auflösen“ der Betragsstriche ergeben sich wieder zwei Ungleichungen.

$x - 5 > 2$ bzw. $-(x - 5) > 2 \quad |\cdot(-1)$

$x - 5 < -2$

Die Betragsungleichung lässt sich durch die Disjunktion von zwei Ungleichungen ersetzen:

$|x - 5| > 2 \rightarrow (x - 5 > 2) \vee (x - 5 < -2)$

$(x > 7) \vee (x < 3)$

Für die Lösungsmenge L gilt: $L = \{x \in \mathbb{R} \mid (x > 7) \vee (x < 3)\}$

Kontrollen:

(1) $2 \in L$, es muss sich eine wahre Aussage ergeben

LS: $|2 - 5| = |-3| = 3$

RS: $2 \qquad 3 > 2$ w. A.

(2) $5 \notin L$, es muss sich eine falsche Aussage ergeben

LS: $|5 - 5| = |0| = 0$

RS: $2 \qquad 0 > 2$ f. A.

(3) $8 \in L$, es muss sich eine wahre Aussage ergeben

LS: $|8 - 5| = |3| = 3$

RS: $2 \qquad 3 > 2$ w. A.

Beachte die verschiedenen Lösungswege für Betragsungleichungen mit einem $<, \leq$ bzw. $>, \geq$.

Die Betragsungleichung $|T(x)| < a$ bzw. $|T(x)| \leq a$ lässt sich durch die Ungleichheitskette $-a < T(x) < a$ bzw. $-a \leq T(x) \leq a$ ersetzen.

Die Betragsungleichung $|T(x)| > a$ bzw. $|T(x)| \geq a$ lässt sich durch die Disjunktion der Ungleichungen ersetzen.

$|T(x)| > a \Leftrightarrow [T(x) > a] \vee [T(x) < -a]$

$|T(x)| \geq a \Leftrightarrow [T(x) \geq a] \vee [T(x) \leq -a]$

Quadratische Ungleichungen

Löse über der Grundmenge G = $\mathbb{R}$!

$x^2 + x - 6 < 0$

Um die Ungleichung lösen zu können, wendet man zunächst den 3. Satz von Vieta an (siehe Aufsteigen in Mathematik, 5. Klasse) und zerlegt den quadratischen Term auf der linken Seite in ein Produkt von Linearfaktoren.

$T(x) = x^2 + x - 6$

Lösen der zugehörigen quadratischen Gleichung

$x^2 + x - 6 = 0$ Formel: $x = -\frac{p}{2} \pm \sqrt{(\frac{p}{2})^2 - q}$

$x = -\frac{1}{2} \pm \sqrt{(-\frac{1}{2})^2 - (-6)}$

$x = -\frac{1}{2} \pm \sqrt{\frac{1}{4} + 6}$

$x = -\frac{1}{2} \pm \sqrt{\frac{1+24}{4}}$

$x = -\frac{1}{2} \pm \frac{5}{2}$

$x_1 = -\frac{6}{2} = -3, \quad x_2 = \frac{4}{2} = 2$

$T(x) = x^2 + x - 6 = (x + 3) \cdot (x - 2)$ 3. Satz von Vieta: $(x - x_1) \cdot (x - x_2) = x^2 + px + q$

Die gegebene Ungleichung lässt sich also auch in der Form $(x + 3) \cdot (x - 2) < 0$ schreiben. Ein Produkt zweier Faktoren ist genau dann kleiner Null (negativ), wenn einer der Faktoren positiv und der andere negativ ist. Aus dieser Überlegung ergeben sich Fallunterscheidungen.

1. Fall: $(x + 3 > 0) \wedge (x - 2 < 0)$ Konjunktion

$(x > -3) \wedge (x < 2)$

$L_1 = \{x \in \mathbb{R} \mid -3 < x < 2\}$

2. Fall: $(x + 3 < 0) \wedge (x - 2 > 0)$ Konjunktion

$(x < -3) \wedge (x > 2)$

Es gibt keine Zahl, die kleiner –3 und gleichzeitig größer 2 ist → $L_2 = \{\ \}$

Die Gesamtlösungsmenge L ergibt sich aus der Disjunktion der beiden Fälle:

$L = L_1 \cup L_2 = L_1$

$L = \{x \in \mathbb{R} \mid -3 < x < 2\}$

Beachte: Ist bei quadratischen Ungleichungen das Produkt der beiden Linearfaktoren > 0, so ergeben sich wieder 2 Fälle. Ein Produkt ist dann positiv (> 0), wenn beide Faktoren positiv oder beide Faktoren negativ sind.

Ungleichungen

1 Löse über der Grundmenge G = $\mathbb{R}$ und gib die Lösungsmenge auch graphisch an!

a) $3x + 2 < 5$

b) $-\frac{5x}{2} + 2 \leq -\frac{x}{4} - 1$

c) $(x + 2) \cdot (x - 2) + x \cdot (8x + 1) < (3x - 2)^2$

d) $(5x + 2)^2 - 5x \cdot (4x - 1) \leq 2x \cdot (x - 1) + x \cdot (3x - 2)$

---

2 Löse das Ungleichungssystem über der Grundmenge G = $\mathbb{R}$!

a) $(3x + 1 < 0) \wedge (x + 5 \geq 0)$

b) $(2x + 3 \geq 10) \vee (x - 1 < 0)$

---

3 Löse über der Grundmenge G = $\mathbb{R}$!

a) $\frac{3x - 1}{x - 2} \leq 2$

b) $\frac{2x}{3 - x} \geq -3$

c) $\frac{5x + 1}{x - 1} < 15$

d) $\frac{3 - 2x}{x + 1} > -3$

---

4 Löse über der Grundmenge G = $\mathbb{R}$!

a) $\frac{x - 2}{x - 5} \leq \frac{x - 1}{x - 3}$

b) $\frac{x - 7}{x - 4} > \frac{x - 3}{x - 1}$

---

5 Löse über der Grundmenge G = $\mathbb{R}$!

a) $|3x + 1| < 5$

b) $\left|\frac{x + 2}{5}\right| \geq 4$

---

6 Löse über der Grundmenge G = $\mathbb{R}$!

a) $x^2 + x - 2 < 0$

b) $2x^2 - 3x \geq 2$

---

7 Eine Terrasse der Größe 7,20 m x 3,40 m soll mit Steinplatten der Größe 40 cm x 40 cm belegt werden. Wie viele Platten müssen mindestens gekauft werden, wenn für den Verschnitt 15% der Gesamtfläche gerechnet wird?

---

8 Auf einer 4,8 km langen Autobahnbaustelle besteht eine Geschwindigkeitsbeschränkung auf 80 km/h. Wie viele Minuten dauert die Durchfahrt mindestens?

---

9 Bei Lohnverhandlungen für die Angestellten eines Großkonzerns wird von Seiten der Firmenleitung folgendes Angebot gemacht:

a) Jeder Angestellte erhält eine Gehaltserhöhung um einen Fixbetrag von 40 €.

b) Jedes Gehalt wird um 2,5% erhöht.

Berechne, für welche Angestellte das jeweilige Angebot günstiger ist!

---

10 Der landwirtschaftlicher Großbetrieb A verkauft Kartoffel zu 5,60 € pro Sack und liefert frei Haus. Der Betrieb B verkauft ebenfalls Kartoffel derselben Güteklasse um 4,98 € pro Sack, verrechnet allerdings noch eine Zustellgebühr von 84 €. Gib an, bei welchen Mengen die einzelnen Betriebe günstiger sind!

Folgen

Definition und Festlegen einer Folge

Wird die Reihenfolge einer gewissen Anzahl von Zahlen festgelegt, so spricht man in der Mathematik von einer Folge.
Beachte den Unterschied zwischen Zahlenmenge und Zahlenfolge.

Menge

$A = \{4, 5, 3, 1, 2\}$
$B = \{3, 2, 4, 5, 1\}$

Die Reihenfolge der Elemente ist beliebig. Es gilt $A = B$, da beide Mengen dieselben Elemente enthalten.

Folge

$F_1 = \langle 1, 2, 3, 4, 5 \rangle$
$F_2 = \langle 5, 4, 3, 2, 1 \rangle$

Die Reihenfolge der Glieder ist festgelegt. Es gilt $F_1 \neq F_2$, da es ja auf die Anordnung (Reihenfolge) ankommt.

Allgemein schreibt man:

$\langle a_1, a_2, a_3 \dots a_n \rangle$ Endliche Folge, sie besitzt eine endliche Anzahl von Gliedern.
$\langle a_1, a_2, a_3 \dots a_n \dots \rangle$ Unendliche Folge, sie besitzt eine unendliche Anzahl von Gliedern.

Durch die Angabe des Index i ($i \in \mathbb{N}^*$) wird jedem Glied ein entsprechender Platz innerhalb der Folge zugeordnet.

a_1 … erstes Glied der Folge (Anfangsglied)
a_2 … zweites Glied der Folge
…
a_n … n-tes Glied der Folge
$\langle\ \rangle$ … Diese Winkelklammer wird auch Folgeklammer genannt.

Jede Folge kann als eine Funktion aufgefasst werden, wobei die Definitionsmenge $\mathbb{N}^*$ ist, d. h. jeder natürlichen Zahl n (Index) wird eine reelle Zahl x_n oder a_n (Folgeglied) zugeordnet.

Festlegen einer Folge

a) durch Angabe der einzelnen Folgeglieder

Gib die ersten fünf Dezimalstellen der Zahl $\pi = 3{,}141592 \dots$ an.

$\langle 1, 4, 1, 5, 9 \rangle$ *Beachte:* Im Gegensatz zu einer Menge können Folgeglieder auch mehrfach auftreten.

b) durch die Angabe eines Funktionsterms (explizite Darstellung)

Gib die ersten vier Glieder der Folge $\langle a_n \rangle$ mit dem Bildungsgesetz $a_n = \frac{n}{n^2 + 1}$ an.

n = 1 (1. Folgeglied) $a_1 = \frac{1}{1^2 + 1} = \frac{1}{2}$
n = 2 (2. Folgeglied) $a_2 = \frac{2}{2^2 + 1} = \frac{2}{5}$
n = 3 (3. Folgeglied) $a_3 = \frac{3}{3^2 + 1} = \frac{3}{10}$
n = 4 (4. Folgeglied) $a_4 = \frac{4}{4^2 + 1} = \frac{4}{17}$ $\langle \frac{1}{2}, \frac{2}{5}, \frac{3}{10}, \frac{4}{17} \rangle$

Gib die ersten fünf Glieder der Folge $\langle a_n \rangle$ mit dem Bildungsgesetz $a_n = (-1)^n \cdot (n + 1)$ an.

n = 1 (1. Folgeglied) $a_1 = (-1)^1 \cdot (1 + 1) = (-1) \cdot 2 = -2$
n = 2 (2. Folgeglied) $a_2 = (-1)^2 \cdot (2 + 1) = 1 \cdot 3 = 3$
n = 3 (3. Folgeglied) $a_3 = (-1)^3 \cdot (3 + 1) = (-1) \cdot 4 = -4$
n = 4 (4. Folgeglied) $a_4 = (-1)^4 \cdot (4 + 1) = 1 \cdot 5 = 5$
n = 5 (5. Folgeglied) $a_5 = (-1)^5 \cdot (5 + 1) = (-1) \cdot 6 = -6$ $\langle -2, 3, -4, 5, -6 \rangle$

Bei dieser Folge wechseln die Vorzeichen der einzelnen Folgeglieder. Solche Folgen werden als alternierende Folgen bezeichnet.

c) durch eine Rekursionsformel

Es wird angegeben, wie die einzelnen Folgeglieder aus dem vorigen Folgeglied oder den vorigen Folgegliedern entstehen.

Gegeben ist das erste Glied der Folge $a_1 = 5$. Jedes weitere Glied ist um 2 größer als das vorhergehende. Gib die ersten 6 Glieder der Folge an!

$a_1 = 5$ $\quad a_4 = 9 + 2 = 11$

$a_2 = 5 + 2 = 7$ $\quad a_5 = 11 + 2 = 13$

$a_3 = 7 + 2 = 9$ $\quad a_6 = 13 + 2 = 15$ $\qquad \langle 5, 7, 9, 11, 13, 15 \rangle$

Dieser in Worten ausgedrückte Sachverhalt kann auch durch eine Formel (Rekursionsformel) ausgedrückt werden.

$a_{n+1} = a_n + 2$ $\qquad a_{n+1}$ … n plus erstes Folgeglied, jenes Glied, das auf a_n folgt.

Gegeben $a_1 = 5$ $\qquad$ jedes weitere mit der Formel $a_{n+1} = a_n + 2$

$a_2 = a_1 + 2 = 5 + 2 = 7$

$a_3 = a_2 + 2 = 7 + 2 = 9$ usw.

d) durch eine graphische Darstellung

Stelle die einzelnen Glieder der Folge $\langle \frac{n}{n+1} \rangle$ bis zum Index = 5

(1) zweidimensional als Funktion in einem kartesischen Koordinatensystem dar

(2) eindimensional auf der Zahlengeraden dar

Angabe der Folgeglieder

$f: \mathbb{N}^* \to \mathbb{R}: x_n = \frac{n}{n+1}$

n = 1	$x_1 = \frac{1}{1+1} = \frac{1}{2}$	$(1, \frac{1}{2})$		n = 1	$x_1 = \frac{1}{2}$
n = 2	$x_2 = \frac{2}{2+1} = \frac{2}{3}$	$(2, \frac{2}{3})$		n = 2	$x_2 = \frac{2}{3}$
n = 3	$x_3 = \frac{3}{3+1} = \frac{3}{4}$	$(3, \frac{3}{4})$		n = 3	$x_3 = \frac{3}{4}$
n = 4	$x_4 = \frac{4}{4+1} = \frac{4}{5}$	$(4, \frac{4}{5})$		n = 4	$x_4 = \frac{4}{5}$
n = 5	$x_5 = \frac{5}{5+1} = \frac{5}{6}$	$(5, \frac{5}{6})$		n = 5	$x_5 = \frac{5}{6}$

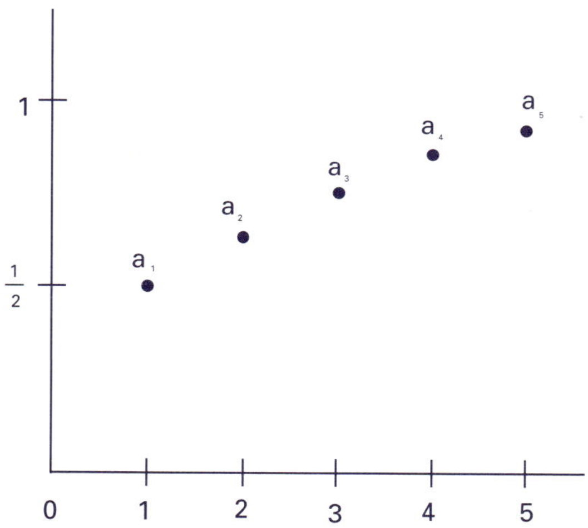

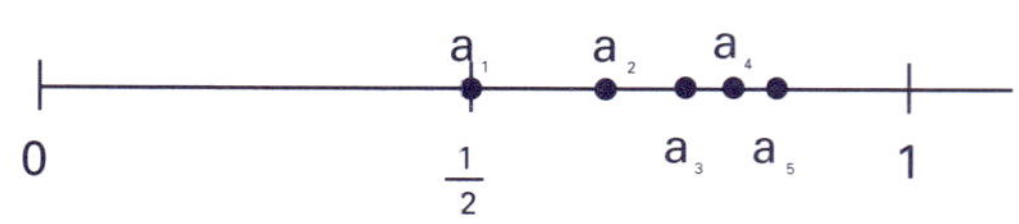

Spezielle Folgen

Arithmetische Folgen (AF)

Eine Zahlenfolge $\langle a_n \rangle$, bei der die Differenz d von zwei aufeinander folgenden Gliedern konstant ist, heißt arithmetische Folge.

a_1
$a_2 - a_1 = d$
$a_3 - a_2 = d$ usw.
$a_{n+1} - a_n = d$ bzw. $a_{n+1} = a_n + d$ … *Rekursionsformel für eine arithmetische Folge*

Man kann auch eine explizite Darstellung einer AF angeben.

a_1
$a_2 = a_1 + d$
$a_3 = a_2 + d = (a_1 + d) + d = a_1 + 2d$
$a_4 = a_3 + d = (a_1 + 2d) + d = a_1 + 3d$ usw.
$a_n = a_1 + (n - 1) \cdot d$ … *explizite Darstellung einer arithmetischen Folge*

Gib die ersten fünf Glieder der arithmetischen Folge mit $a_1 = 8$ und $d = -2$ an!

$a_1 = 8$	$a_1 = 8$	
$a_2 = a_1 + d$	$a_2 = 8 - 2 = 6$	
$a_3 = a_2 + d$	$a_3 = 6 - 2 = 4$	
$a_4 = a_3 + d$	$a_4 = 4 - 2 = 2$	
$a_5 = a_4 + d$	$a_5 = 2 - 2 = 0$	$\langle 8, 6, 4, 2, 0 \rangle$

Beachte: Der Name AF leitet sich aus der Tatsache ab, dass ab dem zweiten Glied jedes Glied arithmetisches Mittel der beiden Nachbarglieder ist:

$a_n = \frac{1}{2} \cdot (a_{n-1} + a_{n+1})$ für $n \geq 2$

Für die obige Folge gilt: $6 = \frac{1}{2} \cdot (8 + 4)$ bzw. $4 = \frac{1}{2} \cdot (6 + 2)$ usw.

In einem rechtwinkligen Dreieck bilden die Seiten eine AF. Berechne den Umfang, wenn die kürzere Kathete 12 cm lang ist!

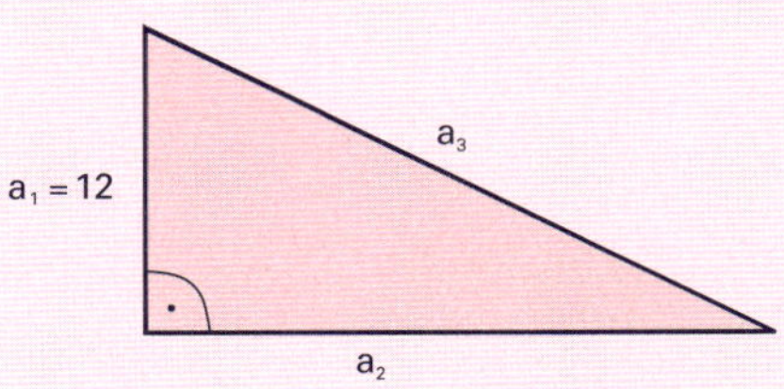

Die Seitenlängen bilden eine AF.
$\langle a_1, a_2, a_3 \rangle$
$a_1 = 12$
$a_2 = 12 + d$
$a_3 = 12 + 2d$

Im rechtwinkligen Dreieck gilt der pythagoreische Lehrsatz.

$$\begin{aligned}
a_3^2 &= a_1^2 + a_2^2 \\
(12 + 2d)^2 &= 12^2 + (12 + d)^2 \\
144 + 48d + 4d^2 &= 144 + 144 + 24d + d^2 && | -144 \\
48d + 4d^2 &= 144 + 24d + d^2 && | -d^2 - 24d - 144 \\
3d^2 + 24d - 144 &= 0 && | :3 \\
d^2 + 8d - 48 &= 0 \\
d &= -4 \pm \sqrt{16 + 48} \\
d &= -4 \pm 8 \\
d_1 &= -12, \quad d_2 = 4
\end{aligned}$$

Lösen der quadratischen Gleichung mit Hilfe einer „kleinen Formel“.

$x = -\frac{p}{2} \pm \sqrt{(\frac{p}{2})^2 - q}$

Da a_1 die kürzeste Seite ist, kann d nur positiv sein.

$a_1 = 12$

$a_2 = 12 + d = 12 + 4 = 16$ $\quad\quad u = a_1 + a_2 + a_3$

$a_3 = 12 + 2d = 12 + 8 = 20$ $\quad\quad u = 12 + 16 + 20 = 48$

Die Seiten des Dreiecks sind 12 cm, 16 cm und 20 cm. Der Umfang beträgt 48 cm.

Man kann das Ergebnis durch eine Probe überprüfen:

$20^2 = 12^2 + 16^2$

$400 = 144 + 256$ w. A.

Beachte: Da bei einer arithmetischen Folge jedes Folgeglied um einen konstanten Faktor zunimmt (oder abnimmt), spricht man in diesem Zusammenhang von einem linearen Wachstum (bzw. arithmetischem Wachstum). Die Glieder jeder AF liegen in einem Koordinatensystem auf einer Geraden.

Beispiel:

$\langle 1, 3, 5 \rangle$

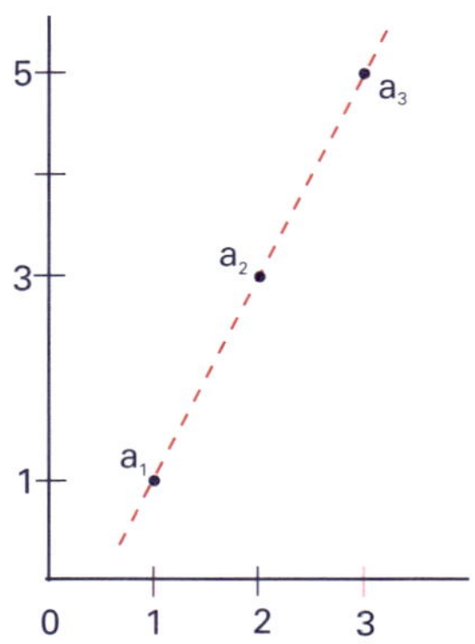

lineare Zunahme

$\langle 5, 3, 1 \rangle$

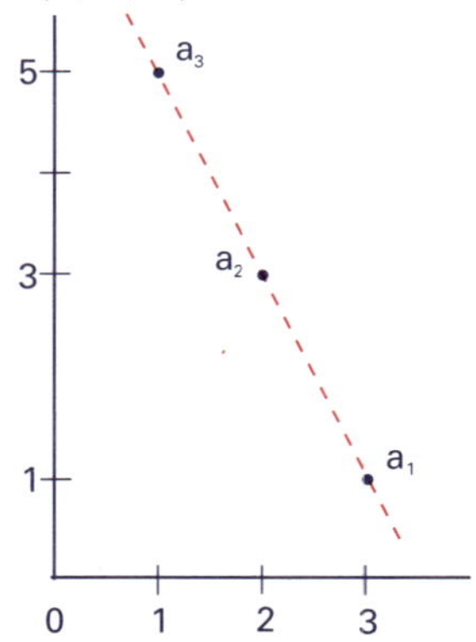

lineare Abnahme

Arithmetische Reihen

Bildet man in einer endlichen arithmetischen Folge die Summe der Folgeglieder, so erhält man eine so genannte arithmetische Reihe.

$s_n = a_1 + a_2 + a_3 + \ldots + a_n$

Beachte: Für die Angabe der Summe kann man auch das Summenzeichen verwenden.

$s_n = \sum_{i=1}^{n} a_i$ ... Summe aller a_i für i von 1 bis n

Für die Summe s_n gilt: $s_n = \frac{n}{2} \cdot (a_1 + a_n)$ Summenformel für die arithmetische Reihe

Diese Formel hat der berühmte Mathematiker Carl Friedrich GAUSS bereits mit neun Jahren entdeckt, als er die Aufgabe lösen musste, die Summe der ersten 100 natürlichen Zahlen zu berechnen. Für die Summe S_{100} gilt:

$$\begin{array}{rrrcrrr} 1\,+ & 2\,+ & 3\,+ & \ldots + & 48\,+ & 49\,+ & 50 \\ 100\,+ & 99\,+ & 98\,+ & \ldots + & 53\,+ & 52\,+ & 51 \\ \hline 101\,+ & 101\,+ & 101\,+ & \ldots + & 101\,+ & 101\,+ & 101 \end{array}$$

$\underbrace{\hspace{10em}}_{\text{50-mal}}$

$s_{100} = 50 \cdot 101$ bzw. $s_{100} = 50 \cdot (1 + 100)$

$s_{100} = 5\,050$ $\quad\quad s_{100} = 50 \cdot 101 = 5\,050$

Von einer endlichen arithmetischen Folge kennt man $a_1 = 15$ und $a_7 = 27$. Berechne s_{10}!

$a_1 = 15$
$a_7 = 27$

$a_n = a_1 + (n - 1) \cdot d$
$a_7 = a_1 + 6 \cdot d$
$27 = 15 + 6 \cdot d$
$12 = 6d$
$d = 2$

Aus a_1 und a_7 muss man zunächst d berechnen, um das letzte Glied der Folge a_{10} zu erhalten.

für a_{10} gilt: $a_{10} = a_1 + 9d$
$a_{10} = 15 + 9 \cdot 2$
$a_{10} = 33$

$s_n = \frac{n}{2} \cdot (a_1 + a_n)$
$s_n = 5 \cdot (15 + 33)$
$s_n = 240$

Herr Österreicher erhält ein Jahresgehalt von 20 000 € und eine regelmäßige jährliche Gehaltserhöhung von 500 € zu Jahresbeginn. Gib in einer Tabelle das Jahresgehalt für 5 Jahre an! Wie viel hat er in diesen Jahren insgesamt verdient?

	1. Jahr	2. Jahr	3. Jahr	4. Jahr	5. Jahr
Verdienst in €	20 000	20 500	21 000	21 500	22 000

Die Jahresgehälter bilden eine arithmetische Folge mit d = 500. Um die Gesamtsumme des Gehalts nach 5 Jahren zu errechnen, verwendet man die Summenformel.

$s_n = \frac{n}{2} \cdot (a_1 + a_n)$
$s_5 = \frac{5}{2} \cdot (20\,000 + 22\,000)$
$s_5 = 105\,000$ € Herr Österreicher verdient in 5 Jahren 105 000 €.

Beachte: Es liegt hier ein lineares Wachstum vor, das Jahresgehalt nimmt jährlich um einen konstanten Betrag zu.

Geometrische Folgen (GF)

Eine Zahlenfolge $\langle b_n \rangle$, bei der der Quotient q von zwei aufeinander folgenden Gliedern konstant ist, heißt geometrische Folge.

b_1

$\frac{b_2}{b_1} = q$

$\frac{b_3}{b_2} = q$ usw.

$\frac{b_{n+1}}{b_n} = q$ bzw. $b_{n+1} = b_n \cdot q$ *... Rekursionsformel einer geometrische Folge*

Man kann auch eine explizite Darstellung einer GF angeben.

b_1
$b_2 = b_1 \cdot q$
$b_3 = b_2 \cdot q = (b_1 \cdot q) \cdot q = b_1 \cdot q^2$
$b_4 = b_3 \cdot q = (b_1 \cdot q^2) \cdot q = b_1 \cdot q^3$ usw.

$b_n = b_1 \cdot q^{n-1}$ *... explizite Darstellung einer geometischen Folge*

Gib die ersten vier Glieder der geometrischen Folge mit $b_1 = 3$ und $q = 2$ an! Berechne auch das 12. Glied!

$b_1 = 3$ $\qquad b_{12} = b_1 \cdot q^{11}$

$b_2 = 3 \cdot 2 = 6$ $\qquad b_{12} = 3 \cdot 2^{11}$

$b_3 = 6 \cdot 2 = 12$ $\qquad b_{12} = 3 \cdot 2\,048$

$b_4 = 12 \cdot 2 = 24$ $\qquad b_{12} = 6\,144$

$\langle 3, 6, 12, 24 \rangle$

Beachte: Der Name GF leitet sich aus der Tatsache ab, dass ab dem zweiten Glied jedes Glied geometrisches Mittel der beiden Nachbarglieder ist:

$b_n = \sqrt{b_{n-1} \cdot b_{n+1}}$ für $n \geq 2$

Für die obige Folge gilt: $6 = \sqrt{3 \cdot 12}$, $6 = \sqrt{36}$ bzw. $12 = \sqrt{6 \cdot 12}$, $12 = \sqrt{144}$ usw.

Die Längen der Seiten eines Rechtecks und der Diagonalen bilden eine geometrische Folge. Berechne den Umfang, wenn die Diagonale 48 mm lang ist!

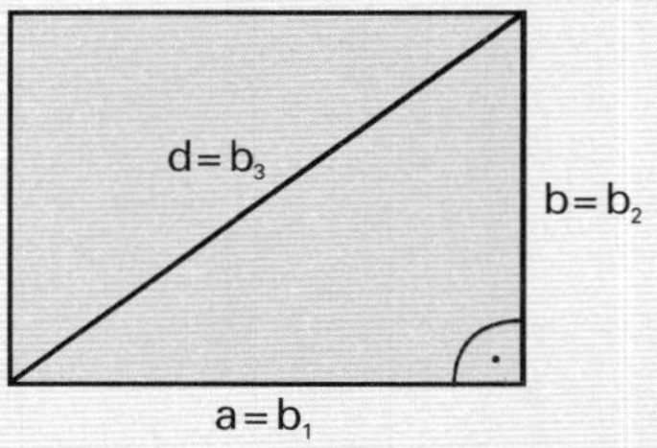

Die beiden Seiten und die Diagonale bilden eine GF $\langle b_1, b_2, b_3 \rangle$ bzw. $\langle b, a, d \rangle$

Für b_3 gilt: $b_3 = 48$

$b_3 = b_2 \cdot q \rightarrow b_2 = \frac{b_3}{q} = \frac{48}{q}$

$b_3 = b_1 \cdot q^2 \rightarrow b_1 = \frac{b_3}{q^2} = \frac{48}{q^2}$

$b_3^2 = b_1^2 + b_2^2$ — Im rechtwinkligen Dreieck gilt der pythagoreische Lehrsatz.

$48^2 = (\frac{48}{q^2})^2 + (\frac{48}{q})^2$

$48^2 = \frac{48^2}{q^4} + \frac{48^2}{q^2}$ $\quad |: 48^2$

$1 = \frac{1}{q^4} + \frac{1}{q^2}$ $\quad |\cdot q^4$

$q^4 = 1 + q^2$

$q^4 - q^2 - 1 = 0$

Durch die Substitution (Ersetzen) $u = q^2$ erhält man eine quadratische Gleichung.

$u^2 - u - 1 = 0$

$u = \frac{1}{2} \pm \sqrt{\frac{1}{4} + 1}$

$u = \frac{1 \pm \sqrt{5}}{2}$

$u_1 = \frac{1 - \sqrt{5}}{2} < 0$ Die Lösung ist in $\mathbb{R}$ nicht möglich, da ein Quadrat (q^2) nicht negativ sein kann.

$u_2 = \frac{1 + \sqrt{5}}{2} = 1{,}6180..$

Für q gilt: $q^2 = u$

$q^2 = 1{,}6180..$

$q = \pm 1{,}2720..$

Nur $q = 1{,}272$ ist Lösung, da eine Seitenlänge nicht negativ sein kann.

$b_1 = \frac{48}{q^2}$ $\qquad b_2 = \frac{48}{q}$ $\qquad u = 2 \cdot (a + b)$

$b_1 = \frac{48}{1{,}272^2} = 29{,}6..$ $\qquad b_2 = \frac{48}{1{,}272} = 37{,}7..$ $\qquad u = 2 \cdot (30 + 38)$

$b_1 = 30$ mm $\qquad b_2 = 38$ mm $\qquad u = 136$ mm

Beachte: In der Praxis spielen GF eine bedeutende Rolle. So bilden zum Beispiel die dir sicher bekannten DIN-Papierformate (DIN Deutsche Industrienorm) A0, A1, A2, A3, A4, A5, A6, A7, A8 eine geometrische Folge, wobei A0 ein Rechteck mit der Seitenfläche 1 m^2 und einem Seitenverhältnis von $1 : \sqrt{2}$ darstellt. Durch Halbieren einer Seitenlänge erhält man jeweils das nächste Format.
Aber auch die Blendenzahlen bei einem Fotoapparat bilden eine GF mit $b_1 = 1$ und $q = \sqrt{2}$.

also

1	$\sqrt{2} = 1{,}4$	2	$2 \cdot \sqrt{2} = 2{,}8$	4	5,6	8	11	16	..

Ähnlich wie bei einer arithmetischen Folge gibt es auch bei der geometrischen Folge eine dazugehörige geometrische Reihe.

$s_n = b_1 + b_2 + b_3 + \ldots + b_n$

$s_n = b_1 + b_1 \cdot q + b_1 \cdot q^2 + \ldots + b_1 \cdot q^{n-1}$

Für die Summe gilt: $s_n = b_1 \cdot \frac{q^n - 1}{q - 1}$ bzw. $s_n = b_1 \cdot \frac{1 - q^n}{1 - q}$ Summenformel geometrische Reihe

Beachte: Die beiden Formeln sind gleichwertig. Wenn man den Bruch der ersten Formel mit (–1) erweitert, so erhält man die zweite Formel.
Die erste Formel eignet sich besser für den Fall $q > 1$, die zweite bei $q < 1$.

Von einer geometrischen Folge sind die beiden Glieder $b_1 = 3$ und $b_2 = 4{,}5$ gegeben. Berechne s_5 und s_{10}!

$b_2 = b_1 \cdot q$ Berechnen von q

$4{,}5 = 3 \cdot q \quad |: 3$

$q = 1{,}5$

$s_5 = 3 \cdot \frac{1{,}5^5 - 1}{1{,}5 - 1}$ $\quad s_{10} = 3 \cdot \frac{1{,}5^{10} - 1}{1{,}5 - 1}$ Berechnen der Summen mit der Formel $s_n = b_1 \cdot \frac{q^n - 1}{q - 1}$

$s_5 = 39{,}5625$ $\quad s_{10} = 339{,}99.. = 340$

Von einer GF kennt man $b_2 = 12$ und $b_6 = 192$. Berechne s_8!

$b_2 = b_1 \cdot q$ Berechnen von b_1 und q

$b_6 = b_1 \cdot q^5$

$12 = b_1 \cdot q \rightarrow b_1 = \frac{12}{q}$ ... Einsetzen in die zweite Gleichung

$192 = b_1 \cdot q^5$ $\quad 192 = \frac{12}{q} \cdot q^5$

$192 = 12 \cdot q^4 \quad |: 12$

$16 = q^4 \rightarrow q = 2$

Aus der ersten Gleichung errechnet man b_1: $12 = b_1 \cdot 2 \rightarrow b_1 = 6$

$s_n = b_1 \cdot \frac{q^n - 1}{q - 1}$

$s_8 = 6 \cdot \frac{2^8 - 1}{2 - 1} = 1\,530$

Eine wesentliche Anwendung der geometrischen Folgen stellt im Bankwesen die Zinsen- und die Zinseszinsrechnung dar. Erinnere dich an die Formel für die Berechnung eines Kapitals nach n Jahren:

$K_n = K_0 \cdot (1 + \frac{p}{100})^n$ $\quad 1 + \frac{p}{100} = q$ ... Aufzinsungsfaktor

$K_n = K_0 \cdot q^n$

Vom Zinsertrag muss 25% als Kapitalertragssteuer (KEST) an das Finanzamt abgeliefert werden. Der Sparer erhält also nur einen effektiven Zinssatz $p_{eff} = 0{,}75 \cdot p$ gutgeschrieben.

Beachte: In der Formel wird das erste Glied der GF mit K_0 bezeichnet.

Die entsprechende GF lautet also:

b_1 $K = K_0$ Anfangskapital = Kapital nach 0 Jahren

b_2 $K_1 = K_0 \cdot q = K_0 \cdot (1 + \frac{p}{100})$

b_3 $K_2 = K_0 \cdot q^2 = K_0 \cdot (1 + \frac{p}{100})^2$

b_4 $K_3 = K_0 \cdot q^3 = K_0 \cdot (1 + \frac{p}{100})^3$ usw.

b_{n+1} $K_n = K_0 \cdot q^n = K_0 \cdot (1 + \frac{p}{100})^n$

Die Variable n (Zeitdauer) von der K_n bei konstantem K_0 bzw. p abhängt, steht im Exponenten. Man spricht in diesem Zusammenhang von einem exponentiellem Wachstum (des Kapitals).

Herr Österreicher erhält ein Jahresgehalt von 20 000 € und eine regelmäßige Gehaltserhöhung von 2,5% zu Jahresbeginn. Gib das Jahresgehalt für 6 Jahre an! Wie viel hat er in diesen Jahren insgesamt verdient? (Runde jeweils auf €).
Vergleiche mit dem ähnlichen Beispiel bei der arithmetischen Folge.

im 1. Jahr: K_0	20 000	
im 2. Jahr: K_1	20 000 + Gehaltserhöhung (GE)	$GE = 20\,000 \cdot \frac{2{,}5}{100} = 500$
	20 000 + 500 = 20 500	
im 3. Jahr: K_2	20 500 + GE	$GE = 20\,500 \cdot \frac{2{,}5}{100} = 513$
	20 500 + 513 = 21 013	
im 4. Jahr: K_3	21 013 + GE	$GE = 21\,013 \cdot \frac{2{,}5}{100} = 525$
	21 013 + 525 = 21 538	
im 5. Jahr: K_4	21 538 + GE	$GE = 21\,538 \cdot \frac{2{,}5}{100} = 538$
	21 538 + 538 = 22 076	
im 6. Jahr: K_5	22 076 + GE	$GE = 22\,076 \cdot \frac{2{,}5}{100} = 552$
	22 076 + 552 = 22 628	

Jedes Jahresgehalt (Kapital) lässt sich auch direkt mit der Formel $K_n = K_0 \cdot (1 + \frac{p}{100})^n$ errechnen.
So gilt zum Beispiel für das 5. Jahr

$K_4 = 20\,000 \cdot (1 + \frac{2{,}5}{100})^4$ Beachte: Für das 5. Jahr ist n = 4, da das erste Kapital
$K_4 = 22\,076$ mit K_0 bezeichnet wird.

Für den Gesamtverdienst gilt:

20 000 + 20 500 + 21 013 + 21 538 + 22 076 + 22 628 = 127 755 €

Um die Gesamtverdienstsumme des Gehalts zu errechnen, kann man auch die Summenformel der geometrischen Reihen verwenden.

$s_n = b_1 \cdot \frac{q^n - 1}{q - 1}$ *Beachte:* $q = 1 + \frac{p}{100}$

$s_6 = 20\,000 \cdot \frac{1{,}025^6 - 1}{1{,}025 - 1}$ $q = 1 + \frac{2{,}5}{100} = 1{,}025$

$s_6 = 127\,754{,}7..$

$s_6 = 127\,755$ €

Folgen

1 Gib die ersten 5 Glieder der Folge an!

a) $\langle \frac{2n-1}{n+1} \rangle$ **b)** $\langle \frac{2^n}{n+2} \rangle$ **c)** $\langle (-1)^n \cdot \frac{1}{n^2+1} \rangle$ **d)** $\langle (-1)^n \cdot \frac{n^3}{n+2} \rangle$

---

2 Gib die ersten 5 Glieder der Folge an!

a) $a_1 = -2, \quad a_{n+1} = a_n + 1$

b) $a_1 = -12, \quad a_{n+1} = \frac{a_n}{2} + n$

c) $a_1 = 3, \quad a_{n+1} = a_n + 2 \cdot (n + 1)$

d) $a_1 = -2, \quad a_{n+1} = (a_n)^2$

---

3 Von einer arithmetischen Folge kennt man $a_1 = 3$ und $d = 9$. Gib zunächst die ersten 5 Glieder der Folge an! Berechne anschließend das 10. Glied und die Summe s_{10}!

---

4 Von einer arithmetischen Folge kennt man $a_1 = -13$ und $a_{24} = 33$. Berechne d und s_{24}!

---

5 Von einer arithmetischen Folge kennt man $a_9 = 19$ und $s_9 = 117$. Berechne a_1 und d!

---

6 Die Summe dreier Zahlen, die eine arithmetische Folge bilden, ist 24, die Summe ihrer Quadrate ist 224. Berechne die Zahlen!

---

7 In einem rechtwinkligen Dreieck bilden die Seiten eine arithmetische Folge. Der Umfang beträgt 36 cm. Wie lang sind die Seiten?

---

8 In einem rechtwinkligen Dreieck bilden die Seiten eine arithmetische Folge. Der Flächeninhalt beträgt 216 cm². Wie lang sind die Seiten?

---

9 Berechne die ersten 5 Glieder der geometrischen Folge!

a) $b_1 = 2, \quad q = 2$

b) $b_1 = \frac{3}{2}, \quad q = \frac{1}{2}$

c) $b_1 = \sqrt{2}, \quad q = \frac{1}{2}$

d) $b_1 = 1, \quad q = \frac{1}{10}$

---

10 Von einer geometrischen Folge kennt man $b_1 = 2$ und $q = 3$. Berechne b_3 und s_3!

---

11 Von einer geometrischen Folge kennt man $b_3 = 18$ und $q = -3$. Berechne b_1 und s_3!

---

12 Von einer geometrischen Folge kennt man $q = 2$ und $s_3 = 7$. Berechne b_1, b_2 und b_3!

13 Die Summe dreier aufeinander folgender Glieder einer geometrischen Folge ist 21, die Summe ihrer Quadrate ist 189. Berechne die 3 Glieder der Folge!

14 In einer Kleinstadt erfährt Herr Tratscher eine Nachricht und teilt sie im Laufe der nächsten Stunde drei anderen Personen mit, von denen jede wieder im Laufe der nächsten Stunde die Neuigkeit an drei weitere Personen weitergibt. Wie viele Personen wissen in 10 Stunden von der Nachricht?

15 Der Holzbestand eines Waldes wird auf 15 000 m^3 geschätzt. Wie groß wird der Bestand nach 7 Jahren sein, wenn man einen jährlichen Zuwachs von 2,5% annimmt?

16 Die Einwohnerzahl einer Stadt wächst erfahrungsgemäß jährlich um 4%. Die Stadt hat heute 35 620 Einwohner. Wie viele Einwohner werden in 10 Jahren die Stadt bewohnen? Wie viele Einwohner hatte die Stadt vor 10 Jahren?

17 Jemand nimmt einen Kredit in der Höhe von 20 000 € auf, der mit 4% jährlich verzinst wird. Nach 4 Jahren werden 8 000 € in bar zurückgezahlt und nach weiteren 4 Jahren nochmals 8 000 €. Der Rest wird nach weiteren 4 Jahren fällig. Wie viel Euro müssen dann noch zurückbezahlt werden?

Konvergenz von Folgen

Monotonieverhalten von Folgen

Ist in einer Folge $\langle a_n \rangle$ für alle Indizes n = 1, 2, 3 … eine der folgenden Aussagen erfüllt, so ist
$\langle a_n \rangle$ streng monoton wachsend (steigend), wenn $a_n < a_{n+1}$
$\langle a_n \rangle$ monoton wachsend (steigend), wenn $a_n \leq a_{n+1}$
$\langle a_n \rangle$ streng monoton fallend, wenn $a_n > a_{n+1}$
$\langle a_n \rangle$ monoton fallend, wenn $a_n \geq a_{n+1}$

Gegeben ist die Folge $\langle \frac{3n-1}{n+1} \rangle$. Stelle eine Vermutung für das Monotonieverhalten auf und beweise deine Vermutung!

$\langle \frac{3n-1}{n+1} \rangle$ Berechnen einiger Folgeglieder

n = 1 $\frac{3-1}{1+1} = \frac{2}{2} = 1$

n = 2 $\frac{6-1}{2+1} = \frac{5}{3}$

n = 3 $\frac{9-1}{3+1} = \frac{8}{4} = 2$ $\langle 1, \frac{5}{3}, 2 \ldots \rangle$

Da die Folgeglieder immer größer werden, lässt sich vermuten, dass eine streng monoton wachsende Folge vorliegt. Für streng monoton wachsende Folgen gilt:

$$a_n < a_{n+1} \quad \forall\, n \in \mathbb{N}^*$$

$$\frac{3n-1}{n+1} < \frac{3(n+1)-1}{(n+1)+1}$$ *Beachte:* Für das (n + 1)-te Glied muss der Index n + 1 sein.

$$\frac{3n-1}{n+1} < \frac{3n+3-1}{n+1+1}$$

$$\frac{3n-1}{n+1} < \frac{3n+2}{n+2} \qquad |\cdot (n+1)\cdot(n+2) > 0$$

$$(3n-1)(n+2) < (3n+2)(n+1)$$

$$3n^2 - n + 6n - 2 < 3n^2 + 2n + 3n + 2$$

$$3n^2 + 5n - 2 < 3n^2 + 5n + 2 \qquad |-3n^2 - 5n$$

$$-2 < 2 \quad \text{w. A.}$$

Man erhält eine w. A., d. h. die ursprüngliche Vermutung ist bewiesen.
Die Folge $\langle \frac{3n-1}{n+1} \rangle$ ist streng monoton wachsend.

Schranken einer Folge

Eine Folge $\langle a_n \rangle$ heißt nach unten beschränkt, wenn es eine Zahl $u \in \mathbb{R}$ gibt, sodass alle Glieder der Folge größer oder gleich n sind.
$u \leq a_n$ für n = 1, 2, 3 … n heißt untere Schranke

Beachte: Auch jede Zahl kleiner u ist untere Schranke.
Die größte untere Schranke heißt Infimum.
Beispiel: 0 ist untere Schranke der Folge $\langle \frac{3n-1}{n+1} \rangle$. Der Zähler und der Nenner ist für alle $n \in \mathbb{N}^*$ positiv, d. h. der Wert des Bruchs kann nie negativ, also < 0, sein.

Eine Folge $\langle a_n \rangle$ heißt nach oben beschränkt, wenn es eine Zahl $o \in \mathbb{R}$ gibt, sodass alle Glieder der Folge kleiner oder gleich n sind.
$a_n \leq o$ für n = 1, 2, 3 … o heißt untere Schranke

Beachte: Auch jede Zahl größer o ist obere Schranke.
Die kleinste obere Schranke heißt Supremum.

Überprüfe, ob 4 bzw. 2,5 obere Schranke der Folge $\langle\frac{3n-1}{n+1}\rangle$ ist!

4 ist obere Schranke, wenn gilt

$\frac{3n-1}{n+1} \leq 4 \quad \forall\, n \in \mathbb{N}^*$

$\frac{3n-1}{n+1} \leq 4 \qquad |\cdot (n+1) > 0$

$3n - 1 \leq 4 \cdot (n + 1)$

$3n - 1 \leq 4n + 4 \qquad |-4n + 1$

$-n \leq 5 \qquad |\cdot (-1) < 0$

$n \geq -5$

Diese Ungleichung gilt $\forall\, n \in \mathbb{N}^*$,
4 ist daher obere Schranke.

2,5 ist obere Schranke, wenn gilt

$\frac{3n-1}{n+1} \leq 2{,}5 \quad \forall\, n \in \mathbb{N}^*$

$\frac{3n-1}{n+1} \leq 2{,}5 \qquad |\cdot (n + 1) > 0$

$3n - 1 \leq 2{,}5 \cdot (n + 1)$

$3n - 1 \leq 2{,}5n + 2{,}5 \qquad |-2{,}5n + 1$

$0{,}5n \leq 3{,}5 \qquad |\cdot 2 > 0$

$n \leq 7$

Diese Ungleichung gilt nur für Folgeglieder mit dem Index 1, 2 … 6, 7.
2,5 ist daher keine obere Schranke.

ε-Umgebung

Das nach beiden Seiten offene Intervall
$U(a; \varepsilon) =]a - \varepsilon; a + \varepsilon[$ heißt ε-Umgebung von a.

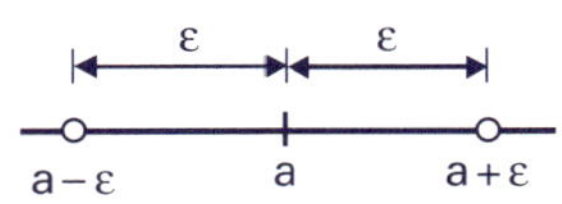

Wann liegt eine Zahl x in der ε-Umgebung $U(a; \varepsilon)$?

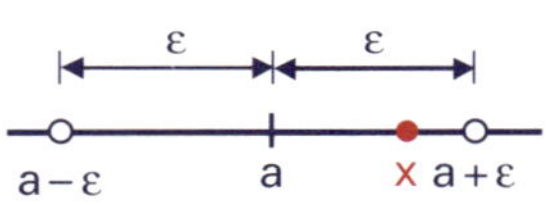

x kann im rechten Teil der ε-Umgebung liegen.
Aus der Zeichnung ist ersichtlich, dass x einen Abstand kleiner ε von a hat. Es gilt: $x - a < \varepsilon$

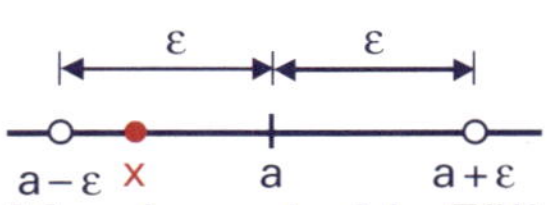

x kann im linken Teil der ε-Umgebung liegen.
Aus der Zeichnung ist ersichtlich, dass auch jetzt x einen Abstand kleiner ε von a hat. Es gilt: $a - x < \varepsilon$

Man kann beide Fälle durch eine Ungleichung ausdrücken.

$x - a < \varepsilon \qquad a - x < \varepsilon$ Umformen (Herausheben von −1)

$-(-a + x) < \varepsilon$

$-(x - a) < \varepsilon$

Die beiden Ungleichungen unterscheiden sich also nur mehr durch das Vorzeichen. Man kann sie durch eine Betragsungleichung $|x - a| < \varepsilon$ ausdrücken. Wenn also eine Zahl x in der ε-Umgebung $U(a; \varepsilon)$ liegt, so muss die Betragsungleichung $|x - a| < \varepsilon$ erfüllt sein.

Gegeben ist die Zahlenfolge $\langle\frac{1}{n+2}\rangle$. Berechne, wie viele Glieder der Folge innerhalb bzw. außerhalb der Umgebung $U(0; \frac{1}{10})$ liegen!
Für alle Glieder der Folge a_n, die innerhalb der ε-Umgebung $U(0; \frac{1}{10})$ liegen, muss die Betragsungleichung $|a_n - a| < \varepsilon$ erfüllt sein:

$|\frac{1}{n+2} - 0| < \frac{1}{10}$

$|\frac{1}{n+2}| < \frac{1}{10}$

$\frac{1}{n+2}$ ist für alle $n \in \mathbb{N}^*$ immer positiv, d. h. man kann die Betragsstriche weglassen.

$\frac{1}{n+2} < \frac{1}{10}$ $\quad |\cdot 10 \cdot (n+2) > 0$

$10 < n + 2$ $\quad |-2$

$8 < n$

$n > 8$

Alle Glieder ab dem Index 9, also a_9, a_{10}, a_{11} … liegen innerhalb der ε-Umgebung, alle anderen Glieder a_1, a_2 … a_7, a_8 liegen außerhalb.

Der Begriff „fast alle“

In der Mathematik bedeutet der Begriff: „Eine Aussage gilt für ‚fast alle‘ Glieder einer Folge“, dass die Aussage für alle Glieder der Folge gilt – bis auf endlich viele, wo sie nicht gilt.

Für das obige Beispiel gilt: In der ε-Umgebung $U(0; \frac{1}{10})$ liegen fast alle Glieder der Folge $\langle\frac{1}{n+2}\rangle$. Nur (die ersten) acht Glieder liegen nicht in $U(0; \frac{1}{10})$. Hätte man ε kleiner gewählt, zum Beispiel $\frac{1}{100}$, so liegen noch immer fast alle Glieder der Folge in der Umgebung $U(0; \frac{1}{100})$.

$|\frac{1}{n+2} - 0| < \frac{1}{100}$

$|\frac{1}{n+2}| < \frac{1}{100}$ $\quad \frac{1}{n+2} > 0 \rightarrow$ Betragsstriche können weggelassen werden.

$\frac{1}{n+2} < \frac{1}{100}$ $\quad |\cdot 100 \cdot (n+2) > 0$

$100 < n + 2$ $\quad |-2$

$98 < n$

$n > 98$

Alle Glieder bis auf die ersten 98 liegen innerhalb der Umgebung $U(0; \frac{1}{100})$, das sind fast alle.

Grenzwert

Eine Zahl a heißt Grenzwert der Folge $\langle a_n\rangle$, wenn in jeder ε-Umgebung von a fast alle Glieder der Folge liegen. Es gilt $|a_n - a| < \varepsilon$ für fast alle $n \in \mathbb{N}^*$.

Die Glieder der Folge $\langle a_n\rangle$ nähern sich immer mehr der Zahl a. Die Folge $\langle a_n\rangle$ strebt mit wachsendem n dem Grenzwert (limes) a zu. Man schreibt: $\lim\limits_{n\to\infty} a_n = a$

Die Folgen, die einen Grenzwert besitzen, heißen konvergente Folgen.
Folgen, die keinen Grenzwert besitzen, heißen divergent.

Beachte: Konvergente Folgen, die den Grenzwert 0 haben, heißen Nullfolgen.

Zeige, dass $\langle\frac{1}{n}\rangle$ eine Nullfolge ist!

$|\frac{1}{n} - 0| < \varepsilon$ $\quad$ Einsetzen in die Formel $|a_n - a| < \varepsilon$

$|\frac{1}{n}| < \varepsilon$ $\quad |\frac{1}{n} > 0$

$\frac{1}{n} < \varepsilon$ $\quad |\cdot n > 0$

$1 < \varepsilon \cdot n$ $\quad |: \varepsilon > 0$

$\frac{1}{\varepsilon} < n$

$n > \frac{1}{\varepsilon}$ $\quad$ Für jedes $\varepsilon > 0$ gilt diese Ungleichung für fast alle $n \in \mathbb{N}^*$.

z. B.: $\varepsilon = 0{,}1$

$n > \frac{1}{0{,}1}$

$n > 10$

Ab dem 11. Glied liegen alle Folgeglieder in der ε-Umgebung.

z. B.: $\varepsilon = 0{,}01$

$n > \frac{1}{0{,}01}$

$n > 100$

Ab dem 101. Glied liegen alle Folgeglieder in der ε-Umgebung.

Weitere Beispiele für Nullfolgen: $\langle \frac{1}{n^2} \rangle$, $\langle \frac{n+1}{n^2} \rangle$, $\langle \frac{n^2+1}{5n^3} \rangle$ …

Diesen Folgen ist gemeinsam, dass der Nenner stärker wächst als der Zähler, der Nenner strebt also „stärker" nach unendlich als der Zähler.

Grenzwertsätze

Konvergiert die Folge $\langle a_n \rangle$ gegen a und konvergiert die Folge $\langle b_n \rangle$ gegen b, so gilt:
die Summenfolge $\langle a_n + b_n \rangle$ konvergiert gegen $a + b$
die Differenzenfolge $\langle a_n - b_n \rangle$ konvergiert gegen $a - b$
die Produktfolge $\langle a_n \cdot b_n \rangle$ konvergiert gegen $a \cdot b$
die Quotientenfolge $\langle \frac{a_n}{b_n} \rangle$ konvergiert gegen $\frac{a}{b}$ (mit b_n und $b \neq 0$)

Berechne den Grenzwert der Folge!

a) $\langle \frac{n-1}{4n+3} \rangle$

$\lim\limits_{n \to \infty} \langle \frac{n-1}{4n+3} \rangle =$

Wenn n nach ∞ strebt, so streben der Zähler und der Nenner nach ∞. Man erhält $\frac{\infty}{\infty}$ und kann über den Grenzwert nichts aussagen. Wende folgenden „Trick" an:

$= \lim\limits_{n \to \infty} \frac{\frac{n-1}{n}}{\frac{4n+3}{n}} =$

„Kürze" im Zähler und Nenner durch n!

$= \lim\limits_{n \to \infty} \frac{1 - \frac{1}{n}}{4 + \frac{3}{n}}$

Wenn jetzt $n \to \infty$, sind $\frac{1}{n}$ und $\frac{3}{n}$ Nullfolgen, man erhält $\frac{1}{4}$ als Grenzwert.

$\lim\limits_{n \to \infty} \frac{n-1}{4n+3} = \frac{1}{4}$

b) $\langle \frac{2n^2+n-1}{n^2-1} \rangle$

$\lim\limits_{n \to \infty} \frac{2n^2+n-1}{n^2-1} =$

„Kürze" im Zähler und Nenner durch n^2!

$= \lim\limits_{n \to \infty} \frac{2 + \frac{1}{n} - \frac{1}{n^2}}{1 - \frac{1}{n^2}} = 2$

$\frac{1}{n}$, $\frac{1}{n^2}$ sind Nullfolgen.

c) $\langle \frac{n+1}{n^2-1} \rangle$

$\lim\limits_{n \to \infty} \frac{n+1}{n^2-1} =$

Kürzen durch n^2.

$= \lim\limits_{n \to \infty} \frac{\frac{1}{n} + \frac{1}{n^2}}{1 - \frac{1}{n^2}} = \frac{0}{1} = 0$

Der Zähler strebt nach 0, der Nenner nach 1.

Es liegt eine Nullfolge vor.

d) $\langle \frac{n^2}{n-1} \rangle$

$\lim\limits_{n\to\infty} \frac{n^2}{n-1} =$ Kürzen durch n^2.

$= \lim\limits_{n\to\infty} \frac{1}{\frac{1}{n} - \frac{1}{n^2}}$ Die Folge hat keinen Grenzwert, da der Nenner des Bruchs nach 0 strebt.

$\langle \frac{n^2}{n-1} \rangle$ ist eine divergente Zahlenfolge.

Berechne den Grenzwert!

$\lim\limits_{n\to\infty} (\frac{4n+1}{2n-1} + \frac{6n^2+1}{4n^2-7}) =$ Anwenden der Grenzwertsätze, Zerlegung in Summanden

$= \lim\limits_{n\to\infty} (\frac{4n+1}{2n-1}) + \lim\limits_{n\to\infty} (\frac{6n^2+1}{4n^2-7}) =$

$= \lim\limits_{n\to\infty} \frac{4 + \frac{1}{n}}{2 - \frac{1}{n}} + \lim\limits_{n\to\infty} \frac{6 + \frac{1}{n^2}}{4 - \frac{7}{n^2}} = \frac{4}{2} + \frac{6}{4} = 2 + 1{,}5 = 3{,}5$

Berechne den Grenzwert a der Folge $\langle \frac{3n+1}{4n-3} \rangle$! Gib an, ab welchem Folgeglied alle weiteren in der ε-Umgebung $U(a; \frac{1}{10})$ liegen!

$\lim\limits_{n\to\infty} \frac{3n+1}{4n-3} = \lim\limits_{n\to\infty} \frac{3 + \frac{1}{n}}{4 - \frac{3}{n}} = \frac{3}{4} = 0{,}75$

$|a_n - a| < \varepsilon$

$|\frac{3n+1}{4n-3} - \frac{3}{4}| < \frac{1}{10}$

$|\frac{4(3n+1) - 3(4n-3)}{4(4n-3)}| < \frac{1}{10}$

$|\frac{12n + 4 - 12n + 9}{16n - 12}| < \frac{1}{10}$

$|\frac{13}{16n-12}| < \frac{1}{10}$ $\frac{13}{16n-12} > 0$ für alle $n \in \mathbb{N}^*$ → Weglassen der Betragsstriche

$\frac{13}{16n-12}| < \frac{1}{10}$ $|\cdot 10 \cdot (16n - 12) > 0$

$130 < 16n - 12$ $|- 16n - 130$

$-16n < -142$ $|: (-16) < 0$

$n > 8{,}875$ $n = 9, 10, 11, 12 \ldots$

Ab dem 9. Folgeglied liegen alle weiteren in der Umgebung $U(\frac{3}{4}; \frac{1}{10})$

Unendliche Zahlenreihen

Gegeben ist die unendliche Reihe $a_1 + a_2 + a_3 + \ldots + a_n + \ldots$
Wenn man die Teilsummen (Partialsummen) betrachtet, so bilden diese eine Folge.

$s_1 = a_1$
$s_2 = a_1 + a_2$
$s_3 = a_1 + a_2 + a_3$
…
$s_n = a_1 + a_2 + a_3 + \ldots + a_n$
…
$s = a_1 + a_2 + a_3 + \ldots + a_n \ldots$

$\langle s_1, s_2, s_3 \ldots s_n \ldots \rangle$ Folge der Partialsummen

Ist diese Folge konvergent, so nennt man auch die Reihe konvergent.

Für die Summe s gilt: $s = \lim_{n \to \infty} s_n$ Summe einer unendlichen konvergenten Reihe

Beachte: Für eine unendliche arithmetische Reihe kann es keine Summe geben, da die Folge der Partialsummen divergent ist.

Für die unendliche geometrische Reihe
$b_1 + b_2 + b_3 + \ldots + b_n + \ldots$ bzw. $b_1 + b_1 \cdot q + b_1 \cdot q^2 + \ldots + b_1 q^{n-1} + \ldots$ gibt es genau dann eine Summe, wenn $|q| < 1$ gilt.

Für die Summe gilt: $s = \frac{b_1}{1-q}$ Summe einer unendlichen geometrischen Reihe

Gegeben ist eine unendlich geometrische Folge mit $b_1 = 2$ und $q = \frac{1}{2}$.
Berechne (1) die Summe der ersten 10 Glieder (2) die Summe aller Glieder!

(1) Um die Summe der ersten 10 Glieder zu berechnen, verwendet man die Formel

$s_n = b_1 \cdot \frac{1-q^n}{1-q}$ (siehe Kapitel geometrische Folgen, Seite 37)

$s_{10} = 2 \cdot \frac{1-(\frac{1}{2})^{10}}{1-\frac{1}{2}}$

$s_{10} = 3{,}9960..$

$s_{10} = 3{,}996$

(2) Summe aller Glieder

$s = \frac{b_1}{1-q}$

$s = \frac{2}{1-\frac{1}{2}} = 4$

Beachte: Da die Glieder der Folge immer kleiner werden, ist die Summe der ersten 10 bereits sehr nahe an der Summe aller Glieder.

Einem gleichschenkliges Dreieck mit der Seitenlänge c = 4 cm und der Höhe h = 8 cm werden aufeinander ruhende Quadrate eingeschrieben. Berechne
(1) die Summe der Umfänge der ersten 5 Quadrate,
(2) die Summe der Flächeninhalte der ersten fünf Quadrate ,
(3) die Flächeninhalte aller Quadrate!

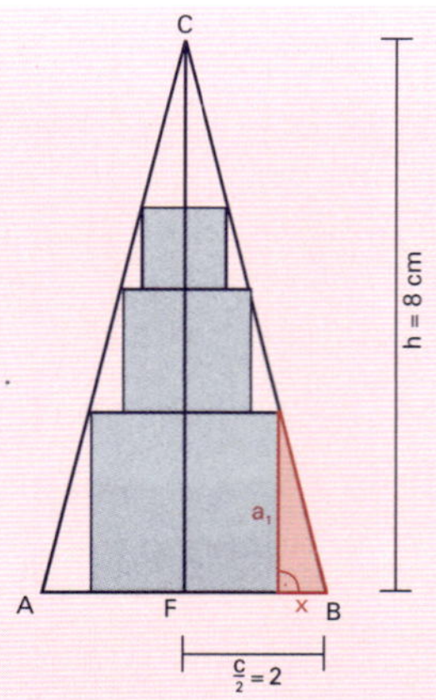

Um die Seitenlänge a_1 des ersten Quadrates zu errechnen, verwendet man ähnliche Dreiecke.
Die Δ CFB und das rote Dreieck sind ähnlich. In ähnlichen Dreiecken gilt: Entsprechende Seiten stehen im selben Verhältnis (vergleiche Aufsteigen in Mathematik, 4. Klasse).
Vergleiche das Verhältnis der Katheten:

$8 : 2 = a_1 : x$ mit $x = 2 - \frac{a_1}{2}$

$8 : 2 = a_1 : (2 - \frac{a_1}{2})$ Aus dieser Proportion kann man a_1 errechnen.

$8 \cdot (2 - \frac{a_1}{2}) = 2 \cdot a_1$ Produkt der Außenglieder = Produkt der Innenglieder

$16 - 4a_1 = 2a_1$

$16 = 6a_1$

$a_1 = \frac{8}{3}$

Genauso kann man a_2 berechnen:

$8 : 2 = a_2 : (\frac{a_1}{2} - \frac{a_2}{2})$ Aus dieser Proportion kann man a_2 errechnen.

$8 \cdot (\frac{a_1}{2} - \frac{a_2}{2}) = 2 \cdot a_2$ Produkt der Außenglieder = Produkt der Innenglieder

$$4a_1 - 4a_2 = 2a_2$$
$$4a_1 = 6a_2$$
$$a_2 = \frac{4}{6} a_1$$
$$a_2 = \frac{2}{3} a_1$$

Für die Seitenlänge des 1. Quadrats gilt a_1, die Seitenlänge des 2. Quadrats erhält man durch Multiplikation mit $\frac{2}{3}$. Dieses Verfahren kann fortgesetzt und die entsprechenden Umfänge berechnet werden.

$b_1 = u_1$ … Umfang des 1. Quadrats $4a_1 = 4 \cdot \frac{8}{3} = \frac{32}{3}$

$b_2 = u_2$ … Umfang des 2. Quadrats $4a_2 = 4 \cdot (\frac{8}{3} \cdot \frac{2}{3}) = (\frac{32}{3} \cdot \frac{2}{3})$ usw.

Es entsteht eine geometrische Folge mit $b_1 = \frac{32}{3}$ und $q = \frac{2}{3}$ (Längen-q)

Für die Summe der ersten 5 Umfänge gilt:

$$s_n = b_1 \cdot \frac{1 - q^n}{1 - q}$$
$$s_5 = \frac{32}{3} \cdot \frac{1 - (\frac{2}{3})^5}{1 - \frac{2}{3}}$$
$$s_5 = 27{,}786..$$
$$s_5 = 27{,}79 \text{ cm}$$

Für die Flächeninhalte gilt:

$$b_1 = A_1 = (\frac{8}{3})^2 = \frac{64}{9}$$
$$b_2 = A_2 = (\frac{8}{3} \cdot \frac{2}{3})^2 = \frac{64}{9} \cdot \frac{4}{9} \text{ usw.}$$

Es entsteht eine geometrische Folge mit $b_1 = \frac{64}{9}$ und $q = (\frac{2}{3})^2 = \frac{4}{9}$ (Flächen-q)

Für die Summe der ersten 5 Flächeninhalte gilt:

$$s_n = b_1 \cdot \frac{1 - q^n}{1 - q}$$
$$s_5 = \frac{64}{9} \cdot \frac{1 - (\frac{4}{9})^5}{1 - \frac{4}{9}}$$
$$s_5 = 12{,}578..$$
$$s_5 = 12{,}58 \text{ cm}^2$$

Für die Summe aller Flächeninhalte gilt:

$$s = \frac{b_1}{1 - q} = b_1 \cdot \frac{1}{q - 1}$$
$$s = \frac{64}{9} \cdot \frac{1}{1 - \frac{4}{9}}$$
$$s = 12{,}8 \text{ cm}^2$$

Monotonieverhalten von Folgen

1 Beweise, dass die Folge $\langle \frac{n}{n+3} \rangle$ streng monoton wachsend ist!

2 Beweise, dass die Folge $\langle \frac{1}{2n-1} \rangle$ streng monoton fallend ist!

3 Gegeben ist die Folge $\langle a_n \rangle$. Stelle eine Vermutung für das Monotonieverhalten auf und beweise deine Vermutung!

a) $\langle \frac{n-5}{n-4} \rangle$ **b)** $\langle \frac{2n+5}{4n-1} \rangle$ **c)** $\langle \frac{n-1}{3n+1} \rangle$ **d)** $\langle \frac{2n+1}{3n} \rangle$

4 Untersuche, ob 2 bzw. $\frac{3}{2}$ obere Schranken der Folge $\langle \frac{n+1}{2n-1} \rangle$ sind!

5 Untersuche, ob $\frac{1}{2}$ bzw. $\frac{2}{5}$ untere Schranken der Folge $\langle \frac{3n-1}{4n+1} \rangle$ sind!

6 Zeige, dass die Folge $\langle \frac{3n+1}{4n-1} \rangle$ den Grenzwert $a = \frac{3}{4}$ hat. Gib an, ab welchem Folgeglied alle weiteren Glieder in der ε–Umgebung mit $\varepsilon = \frac{1}{100}$ liegen!

7 Zeige, dass die Folge $\langle \frac{1-2n}{3n-1} \rangle$ den Grenzwert $a = -\frac{2}{3}$ hat. Gib an, ab welchem Folgeglied alle weiteren Glieder in der ε–Umgebung mit $\varepsilon = \frac{1}{10}$ liegen!

8 Zeige, dass die Folge $\langle \frac{n^2+1}{2n^2-1} \rangle$ den Grenzwert $a = \frac{1}{2}$ hat. Gib an, ab welchem Folgeglied alle weiteren Glieder in der ε–Umgebung mit $\varepsilon = \frac{1}{100}$ liegen!

9 Berechne den Grenzwert!

a) $\lim\limits_{n \to \infty} \frac{3n+2}{2n-1}$ **b)** $\lim\limits_{n \to \infty} \frac{8n-1}{5-4n}$ **c)** $\lim\limits_{n \to \infty} \frac{(n-1)^2}{n^2+2}$ **d)** $\lim\limits_{n \to \infty} \frac{(n+1)^3}{n^4-1}$

10 Berechne den Grenzwert!

a) $\lim\limits_{n \to \infty} \left(\frac{3n}{2n-1} + \frac{4n^2-1}{n^2-3}\right)$ **b)** $\lim\limits_{n \to \infty} \left(\frac{n}{n+1} - \frac{2n-1}{n+3}\right)$

c) $\lim\limits_{n \to \infty} \left(\frac{3n}{2n-1} \cdot \frac{4n^2}{2n^2+1}\right)$ **d)** $\lim\limits_{n \to \infty} \left(\frac{4n}{3n+1} : \frac{2n-1}{2n+1}\right)$

11 Von einer unendlichen geometrischen Reihe kennt man $b_1 = 2$ und $q = \frac{1}{2}$.
Berechne die Summe!

12 Die Summe einer unendlichen geometrischen Reihe ist 20. Weiters kennt man $b_2 = 5$. Berechne b_1 und q!

13 Berechne die Summe der unendlichen geometrischen Reihe!

a) $1 + \frac{1}{3} + \frac{1}{9} + \ldots$

b) $1 - \frac{2}{3} + \frac{4}{9} - \ldots$

14 In ein Quadrat mit der Seite a = 6 cm wird ein zweites Quadrat so eingeschrieben, dass seine Ecken die Seiten des ersten halbieren. In dieses zweite Quadrat wird auf gleiche Weise wieder ein Quadrat eingeschrieben. Berechne

a) die Summe der Umfänge der ersten 5 Quadrate!

b) die Summe der Flächeninhalte der ersten 5 Quadrate!

c) die Summe der Flächeninhalte aller Quadrate!

15 Einem Drehkegel mit dem Radius r und der Höhe h wird ein Drehzylinder eingeschrieben, der halb so hoch ist. Dem verbleibenden Restkegel wird in gleicher Weise ein Drehzylinder eingeschrieben, usw. Wie viel Prozent des Volumens des gegebenen Drehkegels nehmen alle eingeschriebenen Drehzylinder ein?

Lineare Gleichungen und Gleichungssysteme mit 3 Variablen

Eine lineare Gleichung mit drei Variablen

Eine lineare Gleichung der Form $ax + by + cz = d$ mit $a, b, c, d \in \mathbb{R}$, wobei a, b und c nicht zugleich Null sein dürfen, heißt lineare Gleichung mit drei Variablen x, y und z.
Im Fall $d = 0$ heißt die Gleichung homogen, im Fall $d \neq 0$ inhomogen.

Beachte: Die Lösung einer solchen Gleichung ist das geordnete Zahlentripel (x; y; z).
Als Grundmenge muss daher eine Produktmenge gewählt werden. Meist wird als Grundmenge $G = \mathbb{R} \times \mathbb{R} \times \mathbb{R}$ gewählt. Statt $\mathbb{R} \times \mathbb{R} \times \mathbb{R}$ schreibt man oft kürzer $\mathbb{R}^3$.

Löse die Gleichung $3x - 2y + z = 6$ über der Grundmenge $G = \mathbb{R} \times \mathbb{R} \times \mathbb{R}$. Gib einige Zahlentripel an, die die Gleichung zu einer wahren Aussage machen.

Man kann für das Lösen zum Beispiel einen x-Wert und einen y-Wert wählen und den zugeordneten (zugehörigen) z-Wert ausrechnen.

$x = 0, y = 0 \rightarrow z = 6$ oder $x = 2, y = 1 \rightarrow z = 2$

Es ist einfacher, wenn man die implizite Darstellung $3x - 2y + z = 6$ umformt:

$$3x - 2y + z = 6 \qquad | -3x + 2y$$
$$z = 6 - 3x + 2y$$

Wählt man für x eine beliebige Zahl $s \in \mathbb{R}$ und für y ebenfalls eine beliebige Zahl $t \in \mathbb{R}$, so erhält man unendlich viele Zahlentripel, die als Lösung der Gleichung auftreten. Ihre Gesamtheit wird in der Lösungsmenge beschrieben:
$L = \{(x; y; z) \in \mathbb{R} \times \mathbb{R} \times \mathbb{R} \mid (x = s) \wedge (y = t) \wedge (z = 6 - 3s + 2t)\}$ mit $s, t \in \mathbb{R}$

Beachte: Die Zahlen s und t werden Parameter genannt. Die Lösungsmenge L hängt also von zwei Parametern s und t ab, sie wird daher als zweiparametrige Lösungsmenge bezeichnet.

Genauso hätte man für x und für z einen Wert (Parameter) vorgeben und den zugehörigen y-Wert bzw. aus einem y- und z-Wert den Wert für x errechnen können.

System zweier linearer Gleichungen mit drei Variablen

Die Konjunktion (UND-Verknüpfung) von zwei linearen Gleichungen mit drei Variablen bildet ein lineares Gleichungssystem mit drei Variablen:
I $a_1x + b_1y + c_1z = d_1$ $a_1, b_1, c_1, d_1 \in \mathbb{R}$, mit a_1, b_1 und c_1 nicht zugleich Null
II $a_2x + b_2y + c_2z = d_2$ $a_2, b_2, c_2, d_2 \in \mathbb{R}$, mit a_2, b_2 und c_2 nicht zugleich Null
Die Lösung eines solchen Gleichungssystem ist das geordnete Zahlentripel $(x; y; z) \in G$, das beide Gleichungen erfüllt (zu einer wahren Aussage macht). Als Grundmenge G kann wieder nur eine Produktmenge gewählt werden.

Gib die Lösung des Gleichungssystems über der Grundmenge $G = \mathbb{R} \times \mathbb{R} \times \mathbb{R}$ an!

$$\begin{array}{ll} \text{I} & x + y + 3z = 4 \\ \text{II} & 3x - y - 2z = 5 \end{array}$$

Um eine Lösung zu finden, kann man zum Beispiel für z eine beliebige Zahl einsetzen und das erhaltene Gleichungssystem mit Hilfe des Eliminationsverfahrens lösen.

z. B.: $z = 1$

$$\begin{array}{llll} \text{I} & x + y + 3 = 4 & \mid -3 & \\ \text{II} & 3x - y - 2 = 5 & \mid +2 & \text{Aus I} \quad 2 + y = 1 \\ \text{I} & x + y = 1 & \rbrace + & \qquad y = -1 \\ \text{II} & 3x - y = 7 & & \\ & 4x = 8 & & \\ & x = 2 & & \end{array}$$

Für das gegebene Gleichungssystem ist das Tripel (2; –1; 1) Lösung.

Um alle Lösungen zu beschreiben, wird zum Beispiel für z der Parameter $t \in \mathbb{R}$ gewählt. Man erhält dann wieder ein lineares Gleichungssystem in zwei Variablen.

$$\begin{array}{llll} \text{I} & x + y + 3z = 4 & z = t & \\ \text{II} & 3x - y - 2z = 5 & & \\ \text{I} & x + y + 3t = 4 & \mid -3t & \\ \text{II} & 3x - y - 2t = 5 & \mid +2t & \\ \text{I} & x + y = 4 - 3t & \rbrace + & \\ \text{II} & 3x - y = 5 + 2t & & \text{Aus I} \quad \frac{9}{4} - \frac{t}{4} + y = 1 \quad \mid -\frac{9}{4} + \frac{t}{4} \\ & 4x = 9 - t & \mid :4 & \qquad y = 1 - \frac{9}{4} + \frac{t}{4} \\ & x = \frac{9}{4} - \frac{t}{4} & & \end{array}$$

Für L gilt: $L = \{(x; y; z) \in \mathbb{R} \times \mathbb{R} \times \mathbb{R} \mid (x = \frac{9}{4} - \frac{t}{4}) \wedge (y = 1 - \frac{9}{4} + \frac{t}{4}) \wedge (z = t)\}$ mit $t \in \mathbb{R}$

System dreier linearer Gleichungen mit drei Variablen

Die Konjunktion (UND-Verknüpfung) von drei linearen Gleichungen mit drei Variablen bildet ein lineares Gleichungssystem mit drei Variablen.

I $a_1x + b_1y + c_1z = d_1$ — $a_1, b_1, c_1, d_1 \in \mathbb{R}$, mit a_1, b_1 und c_1 nicht zugleich Null

II $a_2x + b_2y + c_2z = d_2$ — $a_2, b_2, c_2, d_2 \in \mathbb{R}$, mit a_2, b_2 und c_2 nicht zugleich Null

III $a_3x + b_3y + c_3z = d_3$ — $a_3, b_3, c_3, d_3 \in \mathbb{R}$, mit a_3, b_3 und c_3 nicht zugleich Null

Die Lösung eines solchen Gleichungssystem ist das geordnete Zahlentripel $(x; y; z) \in G$, das alle drei Gleichungen erfüllt (zu einer wahren Aussage macht). Als Grundmenge G kann wieder nur eine Produktmenge gewählt werden.

Gib die Lösung des Gleichungssystems über der Grundmenge $G = \mathbb{R} \times \mathbb{R} \times \mathbb{R}$ an!

$$\begin{array}{ll} \text{I} & x - 4y + 3z = -15 \\ \text{II} & 5x + 3y - z = 19 \\ \text{III} & 2x - 7y - 5z = 5 \end{array}$$

Anwenden des Eliminationsverfahrens: Forme die Gleichungen so um, dass durch Addition von jeweils zwei Gleichungen eine (dieselbe) Variable wegfällt (eliminiert) wird.

Elimination von z im Paar I und II

$$\begin{array}{lll} \text{I} & x - 4y + 3z = -15 & \\ \text{II} & 5x + 3y - z = 19 & \mid \cdot 3 \\ & x - 4y + 3z = -15 & \rbrace + \\ & 15x + 9y - 3z = 57 & \\ \text{I}_1 & 16x + 5y = 42 & \end{array}$$

$$\begin{array}{lrl}
\text{II} & 5x + 3y - z = 19 & |\cdot(-5) \quad \text{Elimination von z im Paar II und III} \\
\text{III} & 2x - 7y - 5z = 5 & \\
\hline
 & -25x - 15y + 5z = -95 & \\
 & 2x - 7y - 5z = 5 & + \\
\hline
\text{II}_1 & -23x - 22y = -90 &
\end{array}$$

Man erhält ein Gleichungssystem aus zwei Gleichungen mit zwei Variablen.

$$\begin{array}{lr}
\text{I}_1 & 16x + 5y = 42 \\
\text{II}_1 & -23x - 22y = -90
\end{array}$$

Auch dieses wird mit dem Eliminationsverfahren gelöst.

$$\begin{array}{rl}
16x + 5y = 42 & |\cdot 22 \\
-23x - 22y = -90 & |\cdot 5 \\
\hline
352x + 110y = 924 & \\
-115x - 110y = -450 & + \\
\hline
237x = 474 & |:2 \\
x = 2 &
\end{array}$$

Aus I_1: $16 \cdot 2 + 5y = 42$

$$\begin{array}{rl}
32 + 5y = 42 & |-32 \\
5y = 10 & |:5 \\
y = 2 &
\end{array}$$

Aus I: $2 - 4 \cdot 2 + 3z = -15$

$$\begin{array}{rl}
2 - 8 + 3z = -15 & \\
-6 + 3z = -15 & |+6 \\
3z = -9 & |:3 \\
z = -3 &
\end{array}$$

$L = \{(2; 2; -3)\}$

Nicht jedes System aus drei Gleichungen mit drei Variablen muss ein eindeutiges Zahlentripel (eindeutige Lösung) haben.

Löse das Gleichungssystems über der Grundmenge $G = \mathbb{R} \times \mathbb{R} \times \mathbb{R}$!

$$\begin{array}{lr}
\text{I} & 2x + 3y - z = 6 \\
\text{II} & -x - 3y + 5z = -18 \\
\text{III} & x + 2y - 2z = 8
\end{array}$$

$$\begin{array}{lrl}
\text{I} & 2x + 3y - z = 6 & |\cdot 5 \quad \text{Elimination von z im Paar I und II} \\
\text{II} & -x - 3y + 5z = -18 & \\
\hline
 & 10x + 15y - 5z = 30 & \\
 & -x - 3y + 5z = -18 & + \\
\hline
 & 9x + 12y = 12 & |:3 \\
\text{I}_1 & 3x + 4y = 4 &
\end{array}$$

$$\begin{array}{lrl}
\text{I} & 2x + 3y - z = 6 & |\cdot(-2) \quad \text{Elimination von z im Paar I und III} \\
\text{III} & x + 2y - 2z = 8 & \\
\hline
 & -4x - 6y + 2z = -12 & \\
 & x + 2y - 2z = 8 & + \\
\hline
 & -3x - 4y = -4 & |\cdot(-1) \\
\text{II}_1 & 3x + 4y = 4 &
\end{array}$$

Man erhält ein Gleichungssystem aus zwei identischen Gleichungen.

$$\begin{array}{lr}
\text{I}_1 & 3x + 4y = 4 \\
\text{II}_1 & 3x + 4y = 4
\end{array}$$

Für das Lösen setzt man zum Beispiel für x den Parameter t ein, also x = t.

$$3t + 4y = 4$$
$$4y = 4 - 3t \qquad |:4$$
$$y = 1 - \tfrac{3}{4}t$$

Aus Gleichung I erhält man z.

$$\text{I} \quad 2 \cdot t + 3 \cdot (1 - \tfrac{3}{4}t) - z = 6 \qquad |-6+z$$
$$2t + 3 - \tfrac{9}{4}t - 6 = z$$
$$-3 - \tfrac{1}{4}t = z$$

L ist eine einparametrige Lösungsmenge:
$L = \{(x; y; z) \in \mathbb{R} \times \mathbb{R} \times \mathbb{R} \mid (x = t) \wedge (y = 1 - \tfrac{3}{4}t) \wedge (z = -3 - \tfrac{1}{4}t)\}$ mit $t \in \mathbb{R}$

Löse das Gleichungssystem über der Grundmenge $G = \mathbb{R} \times \mathbb{R} \times \mathbb{R}$!

$$\begin{array}{ll} \text{I} & 2x + y - z = 5 \\ \text{II} & x - 3y + z = 1 \\ \text{III} & -8x + 3y + z = 3 \\ \hline \end{array}$$

Elimination von z im Paar I und II

$$\begin{array}{lll} \text{I} & 2x + y - z = 5 & \\ \text{II} & x - 3y + z = 1 & + \\ \hline \text{I}_1 & 3x - 2y = 6 & \end{array}$$

Elimination von z im Paar I und III

$$\begin{array}{lll} \text{I} & 2x + y - z = 5 & \\ \text{III} & -8x + 3y + z = 3 & + \\ \hline & -6x + 4y = 8 & |:(-2) \\ \text{II}_1 & 3x - 2y = -4 & \end{array}$$

Man erhält:

$$\begin{array}{ll} \text{I}_1 & 3x - 2y = 6 \\ \text{II}_1 & 3x - 2y = -4 \end{array}$$

Dieses Gleichungssystem hat keine Lösung, es gibt kein x und y für die 3x – 2y gleichzeitig 6 bzw. –4 ist.
Insgesamt hat daher das gegebene Gleichungssystem keine Lösung: $L = \{\ \}$

Löse das Gleichungssystems über der Grundmenge $G = \mathbb{R} \times \mathbb{R} \times \mathbb{R}$!

$$\begin{array}{ll} \text{I} & 2x - 2y + 4z = 4 \\ \text{II} & -3x + 3y - 3z = -6 \\ \text{III} & x - y + z = 2 \\ \hline \end{array}$$

Man kann I und II kürzen.

$$\begin{array}{lll} \text{I} & 2x - 2y + 4z = 4 & |:2 \\ \text{II} & -3x + 3y - 3z = -6 & |:(-3) \\ \text{III} & x - y + z = 2 & \\ \hline \text{I} & x - y + z = 2 & \\ \text{II} & x - y + z = 2 & \\ \text{III} & x - y + z = 2 & \\ \hline \end{array}$$

Man erhält ein Gleichungssystem aus drei identischen Gleichungen. Um dieses zu lösen, muss man wieder für 2 Variable Parameter setzen (siehe Kapitel: Eine lineare Gleichung mit 3 Variablen, Seite 50)

$$x = s \qquad \text{aus Gleichung I:} \qquad s - t + z = 2 \qquad |-s+t$$
$$y = t \qquad \qquad z = 2 - s + t$$

L ist eine zweiparametrige Lösungsmenge:
$L = \{(x; y; z) \in \mathbb{R} \times \mathbb{R} \times \mathbb{R} \mid (x = s) \wedge (y = t) \wedge (z = 2 - s + t)\}$ mit $s, t \in \mathbb{R}$

Lineare Gleichungen und Gleichungssysteme mit 3 Variablen

1 Löse die Gleichung über der Grundmenge $G = \mathbb{R} \times \mathbb{R} \times \mathbb{R}$. Gib auch zwei Zahlentripel an, die die Gleichung zu einer wahren Aussage machen.

a) $2x + 3y + 4z = 6$

b) $x - y + 3z = -3$

c) $2x + y - z = 8$

d) $x + 2y + 2z = -1$

2 Gib die Lösung des Gleichungssystems über der Grundmenge $G = \mathbb{R} \times \mathbb{R} \times \mathbb{R}$ an!

a)
I $2x + 3y + z = 4$
II $4x - 3y + 5z = 8$

b)
I $2x - y + 2z = 4$
II $4x + 5y - 3z = 8$

c)
I $x + 3y - 4z = 8$
II $x - 2z = 1$

d)
I $x - 5y = 6$
II $3y + 2z = 10$

3 Gib die Lösung des Gleichungssystems über der Grundmenge $G = \mathbb{R} \times \mathbb{R} \times \mathbb{R}$ an!

a)
I $x - y - 2z = 0$
II $2x - 3y - z = 0$
III $x + 2y - 8z = 0$

b)
I $x - y + z = 4$
II $x + y - z = 2$
III $-x + y + z = 6$

c)
I $5x - 4y + 3z = 4$
II $4x + 6y - z = 9$
III $3x - 2y + 4z = 5$

d)
I $6x - 3y + 5z = 55$
II $5x + y - 3z = 13$
III $3x - 2y + z = 12$

4 Gib die Lösung des Gleichungssystems über der Grundmenge $G = \mathbb{R} \times \mathbb{R} \times \mathbb{R}$ an!

I $(y - 2)(z + 3) = (y - 1)(z + 1)$
II $(x + 4)(z + 1) = (x + 2)(z + 2)$
III $(2x - 1)(y + 1) = 2(x + 1)(y - 1)$

5 Gib die Lösung des Gleichungssystems über der Grundmenge $G = \mathbb{R} \times \mathbb{R} \times \mathbb{R}$ an!

I $\frac{x}{5} + \frac{y}{2} + \frac{z}{3} = 67$
II $\frac{x}{3} + \frac{y}{5} + \frac{z}{2} = 53$
III $\frac{x}{2} + \frac{y}{3} + \frac{z}{5} = 66$

6 Gib die Lösung des Gleichungssystems über der Grundmenge $G = \mathbb{R} \times \mathbb{R} \times \mathbb{R}$ an!

a)
I $x + 2y - 3z = 6$
II $-2x - 4y + 6z = -12$
III $-x - 2y + 3z = -6$

b)
I $3x + 4y - z = 8$
II $6x + 8y - 2z = -16$
III $-3x - 4y + z = 7$

7 Gib die Lösung des Gleichungssystems über der Grundmenge $G = \mathbb{R} \times \mathbb{R} \times \mathbb{R}$ an!

a)
I $3x - 2y = 5$
II $2x - 3y + 4z = 5$
III $x + y - 3z = 0$

b)
I $3x + y - z = 4$
II $5x - y + z = 4$
III $4x - 5y + 2z = -1$

8 Gib die Lösung des Gleichungssystems über der Grundmenge $G = \mathbb{R} \times \mathbb{R} \times \mathbb{R}$ an!

a)
I $x + 2y + z = 12$
II $9x + 3y - z = 23$
III $x - y - z = -5$

b)
I $-x + y - 2z = -1$
II $7x - y - z = -8$
III $6x - 2y + 2z = -4$

9 Gib die Lösung des Gleichungssystems über der Grundmenge $G = \mathbb{R} \times \mathbb{R} \times \mathbb{R}$ an!

a)
I $4x - 2y + 2z = 18$
II $x - y + z = 1$
III $-2x + y - z = -9$

b)
I $5x - y + 2z = -4$
II $-3x + y - z = 1$
III $x + y + z = 2$

Exponentialfunktion und Logarithmusfunktion

Exponentialfunktion

Eine Funktion $^{a}exp: \mathbb{R} \rightarrow \mathbb{R}: y = a^x$ mit $a \in \mathbb{R}^+$ heißt Exponentialfunktion zur Basis a.

Beachte: Die unabhängige Variable x tritt im Exponenten einer konstanten positiven Basis auf.

Zeichne die Graphen der Funktionen (1) f_1: $y = 2^x$, (2) f_2: $y = (\frac{1}{2})^x$,
(3) g_1: $y = (\frac{4}{3})^x$, (4) g_2: $y = (\frac{3}{4})^x$ im Intervall [–3; 3].

	2^x	$(\frac{1}{2})^x$	$(\frac{4}{3})^x$	$(\frac{3}{4})^x$
–3	0,125	8	0,42	2,37
–2	0,25	4	0,56	1,78
–1	0,5	2	0,75	1,33
0	1	1	1	1
1	2	0,5	1,33	0,75
2	4	0,25	1,78	0,56
3	8	0,125	2,37	0,42

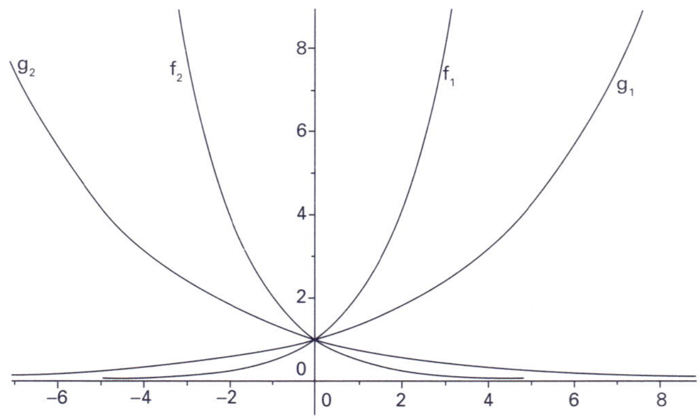

Eigenschaften der Exponentialfunktion:

1. Alle Funktionswerte sind positiv. Der Graph der Funktion verläuft oberhalb der x-Achse.
2. Die x-Achse ist Asymptote.
3. Der Graph jeder Exponentialfunktion der Form $y = a^x$ verläuft durch den Punkt (0/1).
4. Für $a > 1$ ist die Funktion streng monoton wachsend.
   Für $a = 1$ ist die Funktion die konstante Funktion $y = 1$.
   Für $0 < a < 1$ ist die Funktion streng monoton fallend.
5. Die Graphen der Funktion $y = a^x$ bzw. $y = (\frac{1}{a})^x$ liegen symmetrisch bezüglich der y-Achse.

Eine wesentliche Anwendung von Exponentialfunktionen liegt bei exponentiellen Wachstumsprozessen bzw. exponentiellen Abnahmeprozessen. Man betrachtet dabei zeitliche Abhängigkeiten der Form $f(t) = f(0) \cdot a^t$. Da es dabei meist um Stückzahlen geht, ist die Schreibweise $n(t) = n(0) \cdot a^t$, $N(t) = N(0) \cdot a^t$ bzw. $N_t = N_0 \cdot a^t$ üblich.

Eine Bakterienkultur besteht zu Beginn der Beobachtung (zur Zeit t = 0) aus n_0 = 10 000 Bakterien. Alle zwei Stunden verdoppelt sich die Anzahl der Bakterien.

a) Stelle ein Wachstumsgesetz der Form $N(t) = N_0 \cdot a^t$ auf!

b) Berechne, wie viele Bakterien nach 12 bzw. nach 24 Stunden vorhanden sind!

c) Gib in einem Graphen das Bakterienwachstum an!

a) $N(t) = N_0 \cdot a^t$

$N_0 = 10\,000$

$N(2) = 20\,000$ — Nach 2 Stunden verdoppelt sich die Anzahl der Bakterien.

$20\,000 = 10\,000 \cdot a^2$ $\quad |: 10\,000$ — Einsetzen in die Formel

$2 = a^2$ $\quad |\sqrt{\ }$

$a = \sqrt{2}$ Nur der positive Wurzelwert ist sinnvoll (Anzahl).

$N(t) = 10\,000 \cdot (\sqrt{2})^t$ Wachstumsgesetz

b) $N(12) = 10\,000 \cdot (\sqrt{2})^{12}$

$N(12) = 640\,000$

$N(24) = 10\,000 \cdot (\sqrt{2})^{24}$

$N(24) = 40\,960\,000$

c)

t	N(t)
0	10 000
0,5	11 892
1	14 142
1,5	16 818
2	20 000
2,5	23 784
3	28 284
3,5	33 636
4	40 000

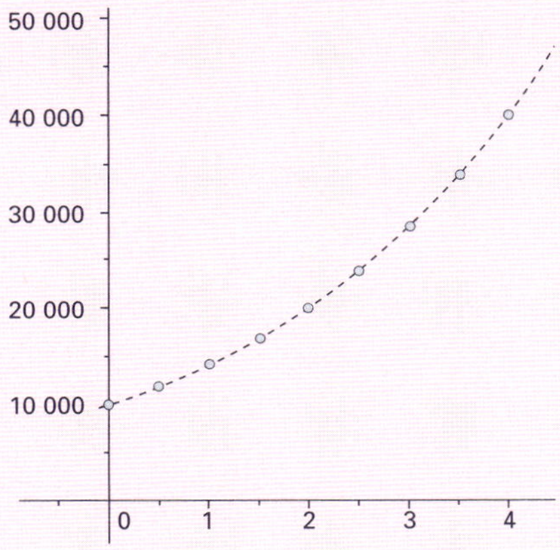

Auch Abnahmeprozesse, wie zum Beispiel der Zerfall radioaktiver Substanzen, können mit Hilfe der Exponentialfunktion beschrieben werden. In diesem Zusammenhang wird häufig der Begriff Halbwertszeit verwendet. Darunter versteht man jene Zeit t, in der N(t) halbiert wird, also $N(t) = \frac{1}{2} \cdot N_0$.

Das radioaktive Element Cäsium-137 hat eine Halbwertszeit von ca. 30 Jahren. Stelle das Zerfallsgesetz auf.

$N(t) = N_0 \cdot a^t$ Einsetzen der Halbwertszeit $N(t) = \frac{1}{2} \cdot N_0$ bzw. $t = 30$

$\frac{1}{2} \cdot N_0 = N_0 \cdot a^{30}$ $\quad | : N_0$

$\frac{1}{2} = a^{30}$ $\quad | \sqrt[30]{}$

$a = \sqrt[30]{\frac{1}{2}}$

$a = 0{,}97715..$

$a = 0{,}9772$ Zerfallsgesetz für Cäsium-137: $N(t) = N_0 \cdot 0{,}9772^t$

Die stetige Verzinsung – die Euler'sche Zahl

Der Endwert K_1 eines Kapitals K_0 beträgt nach einem Jahr bei p % Verzinsung:

$K_1 = K_0 \cdot (1 + \frac{p}{100})^1$ Einsetzen in die Formel $K_n = K_0 \cdot (1 + \frac{p}{100})^n$

Nimmt man das Anfangskapital der Einfachheit halber mit 1 € an und geht man von einem theoretischen Zinssatz von p = 100% aus, so erhält man nach einem Jahr

$K_1 = 1 \cdot (1 + \frac{100}{100})^1 = 2 = 2$ Endwert bei jährlicher Verzinsung (Verzinsungsabschnitt 1 Jahr)

Wenn man eine monatliche Verzinsung betrachtet, d. h. das Kapital nach einem Monat abhebt und sofort wieder einlegt, so ergeben sich 12 Verzinsungsabschnitte, wobei das Kapital aber nur mit $\frac{1}{12}$ des Prozentsatzes verzinst wird.

$K_1 = K_0 \cdot (1 + \frac{1}{12} \cdot \frac{p}{100})^{12}$ monatliche Verzinsung

$K_1 = 1 \cdot (1 + \frac{1}{12} \cdot \frac{100}{100})^{12}$ bei $K_0 = 1$ € und p = 100%

$K_1 = (1 + \frac{1}{12})^{12} = 2{,}613..$ € Endwert bei 12 Verzinsungsabschnitten

Bei täglicher Verzinsung (Bankjahr = 360 Tage) gilt:

$K_1 = K_0 \cdot (1 + \frac{1}{360} \cdot \frac{p}{100})^{360}$ tägliche Verzinsung

$K_1 = 1 \cdot (1 + \frac{1}{360} \cdot \frac{100}{100})^{360}$ bei $K_0 = 1$ € und $p = 100\%$

$K_1 = (1 + \frac{1}{360})^{360} = 2{,}714..$ € Endwert bei 360 Verzinsungsabschnitten

Nimmt man theoretisch 1 000 Verzinsungsabschnitte, so erhält man

$K_1 = K_0 \cdot (1 + \frac{1}{1\,000} \cdot \frac{p}{100})^{1\,000}$

$K_1 = (1 + \frac{1}{1\,000})^{1\,000} = 2{,}7169..$ € Endwert bei 1 000 Verzinsungsabschnitten

Nimmt man theoretisch 10 000 Verzinsungsabschnitte, so erhält man

$K_1 = K_0 \cdot (1 + \frac{1}{10\,000} \cdot \frac{p}{100})^{10\,000}$

$K_1 = (1 + \frac{1}{10\,000})^{10\,000} = 2{,}718..$ € Endwert bei 10 000 Verzinsungsabschnitten

Man sieht, das Kapital nähert sich der Zahl 2,718..

Wenn man die Verzinsungsabschnitte mit n bezeichnet und n über alle Grenzen streben lässt, so spricht man von einer stetigen Verzinsung. Für den Endwert eines Kapitals von 1 € nach einem Jahr bei stetiger Verzinsung und einem jährlichen Prozentsatz von 100% erhält man

$$e = \lim_{n \to \infty} (1 + \frac{1}{n})^n = 2{,}718281..$$

Die Zahl e heißt Euler'sche Zahl, benannt nach einem bedeutenden Mathematiker im 18. Jahrhundert. e ist ähnlich wie die Zahl π eine nicht periodische Dezimalzahl. Die Zahl e tritt sehr häufig als Basis bei Exponentialfunktionen auf. Die Funktion e^x ist daher auf wissenschaftlichen Taschenrechnern extra ausgewiesen.

z. B.: $e^2 = 7{,}3890..$ [e^x] 2 [=] 7,3890..

Zeichne den Graphen der Funktion $\mathbb{R} \to \mathbb{R} : y = e^x$ im Intervall $[-2; 2]$!

x	e^x
−2	0,14
−1,5	0,22
−1	0,37
−0,5	0,61
0	1
0,5	1,65
1	2,72
1,5	4,48
2	7,39

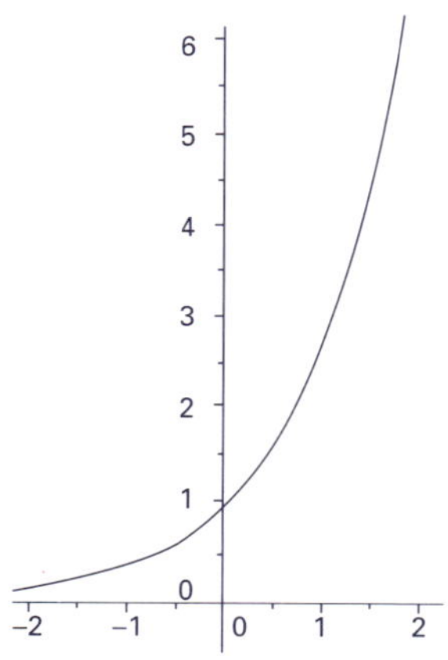

Logarithmus

Die Lösung der Gleichung $a^x = b$ in $\mathbb{R}$ heißt Logarithmus von b zur Basis a, wobei $a \in \mathbb{R}^+ \setminus \{1\}$ und $b \in \mathbb{R}^+$ ist.
Man schreibt: $x = {}^a\log b$ a ... Basis, b ... Numerus
„x ist gleich der Logarithmus von b zur Basis a"

Beachte: x ist also jener Exponent, mit dem man die Basis a potenzieren muss, um b zu erhalten.

$a^x = b \iff x = {}^a\log b \quad \rightarrow a^{{}^a\log b} = b$

Berechne!

a) ${}^8\log 64$ Basis 8, Numerus 64. Man sucht also jenen Exponenten, mit dem 8 potenziert werden muss, um 64 zu erhalten.

${}^8\log 64 = 2$ weil $8^2 = 64$

b) ${}^5\log 125 = 3$ weil $5^3 = 125$

c) ${}^4\log \frac{1}{16} = -2$ weil $4^{-2} = \frac{1}{4^2} = \frac{1}{16}$

d) ${}^2\log \sqrt{2} = \frac{1}{2}$ weil $2^{\frac{1}{2}} = \sqrt{2}$

e) ${}^x\log x^2 = 2$ weil $x^2 = x^2$

f) ${}^a\log a = 1$ weil $a^1 = 1$

g) ${}^a\log 1 = 0$ weil $a^0 = 1$

Das Aufsuchen des Logarithmus' einer Zahl (eines Ausdrucks) wird als Logarithmieren bezeichnet.

Logarithmus mit der Basis 10

${}^{10}\log 0{,}1 = -1$ weil $10^{-1} = \frac{1}{10} = 0{,}1$

Beachte: Der Logarithmus zur Basis 10 wird als dekadischer Logarithmus bezeichnet. Oft wird geschrieben ${}^{10}\log b = \lg b$. Am **TR** wird dafür die Abkürzung [LOG] verwendet. Mit Hilfe des TR können dekadische Logarithmen von beliebigen Zahlen berechnet werden.

lg 7 = [LOG] 7 [=] 0,84509..
lg 7 = 0,8451 Es gilt: $10^{0{,}8451} = 7$

Logarithmus mit der Basis e

${}^e\log \frac{1}{e} = -1$ weil $e^{-1} = \frac{1}{e}$

${}^e\log e^2 = 2$ weil $e^2 = e^2$

Beachte: Der Logarithmus zur Basis e wird als natürlicher Logarithmus bezeichnet. Man schreibt ${}^e\log b = \ln b$. Am **TR** wird dafür die Abkürzung [LN] verwendet.

Berechne!

a) ln 5 = [LN] 5 [=] 1,60943..
ln 5 = 1,6094 Es gilt: $e^{1{,}6094} = 5$

b) ln 10 = 2,30258..
ln 10 = 2,3026

c) ln 23 = 3,13459..
ln 23 = 3,1355

Rechnen mit Logarithmen

Um die Schreibweise zu vereinfachen, lässt man überall dort, wo es gleichgültig ist, welche Basis $a \in \mathbb{R}^- \setminus \{1\}$ auftritt, diese weg und schreibt einfacher log.

$\log(u \cdot v) = \log u + \log v$ $\log u^r = r \cdot \log u$

$\log\left(\frac{u}{v}\right) = \log u - \log v$ $\log \sqrt[r]{u} = \frac{1}{r} \cdot \log u$

Beachte: Beim Logarithmieren wird die Rechenoperation um eine Stufe niedriger.

Zerlege!

a) $\log(3x) = \log 3 + \log x$

b) $\log(y^2) = 2 \cdot \log y$

c) $\log(5xy^3) = \log 5 + \log x + \log y^3 = \log 5 + \log x + 3 \cdot \log y$

d) $\log\left(\frac{6x^2}{5y}\right) = \log 6x^2 - \log 5y = \log 6 + \log x^2 - (\log 5 + \log y) =$
$= \log 6 + 2 \cdot \log x - \log 5 - \log y$

e) $\log \sqrt[3]{x^2} = \log (x^2)^{\frac{1}{3}} = \frac{1}{3} \cdot \log x^2 = \frac{2}{3} \cdot \log x$

f) $\log \frac{\sqrt{x} \cdot \sqrt[3]{y}}{\sqrt[4]{2z}} = \log(\sqrt{x} \cdot \sqrt[3]{y}) - \log \sqrt[4]{2z} = \log \sqrt{x} + \log \sqrt[3]{x} - \frac{1}{4} \cdot \log(2z) =$
$= \log x^{\frac{1}{2}} + \log y^{\frac{1}{3}} - \frac{1}{4} \cdot (\log 2 + \log z) = \frac{1}{2} \cdot \log x + \frac{1}{3} \cdot \log y - \frac{1}{4} \cdot \log 2 - \frac{1}{4} \cdot \log z$

Wenn man Summen und Differenzen von Logarithmen in den Logarithmus eines Terms verwandeln soll, so spricht man vom Entlogarithmieren. Dabei werden die Rechenoperationen um eine Stufe erhöht (siehe Rechenregeln, Seite 59).

Schreibe als Logarithmus eines Terms an!

a) $\log 2 + \log a = \log 2a$

b) $3\log x - 4\log y = \log x^3 - \log y^4 = \log\frac{x^3}{y^4}$

c) $\frac{1}{2}\log(a+b) - \frac{1}{3}\log c = \log(a+b)^{\frac{1}{2}} - \log c^{\frac{1}{3}} = \log \frac{\sqrt{a+b}}{\sqrt[3]{c}}$

Logarithmen mit beliebigen Basen

Um den Logarithmus mit einer beliebigen Basis zu berechnen, verwendet man den Zusammenhang

$^a\log x = \frac{\lg x}{\lg a}$ oder $^a\log x = \frac{\ln x}{\ln a}$

Berechne!

a) $^3\log 5 = \frac{\ln 5}{\ln 3} = \frac{1{,}60943}{1{,}09861} = 1{,}46497..$
$^3\log 5 = 1{,}4650$

b) $^4\log 10 = \frac{\ln 10}{\ln 4} = 1{,}66096..$
$^4\log 10 = 1{,}6610$

Exponentialgleichungen

Gleichungen, bei denen die Variable im Exponenten vorkommt, werden als Exponentialgleichungen bezeichnet.

Man unterscheidet 3 Typen von Exponentialgleichungen.

Typ A: Exponentialgleichungen, die sich durch Äquivalenzumformungen auf die Form $a^{f(x)} = a^{g(x)}$ zurückführen lassen. Das sind also Gleichungen, bei denen die Basis gleich ist, die Exponenten aber verschieden sind. Die Lösung ergibt sich durch Gleichsetzen der Exponenten.

Berechnen über der Grundmenge G = $\mathbb{R}$!

a) $2^x = 8$ $\quad 8 = 2^3$
$2^x = 2^3$ $\quad$ Basis gleich, Exponenten verschieden → Gleichsetzen der Exponenten
$x = 3$ $\quad L = \{3\}$

b) $4 \cdot 2^{3x} = 2^3 \cdot 2^{x+1}$
$2^2 \cdot 2^{3x} = 2^3 \cdot 2^{x+1}$ $\quad$ Anwenden der Formel: $a^r \cdot a^s = a^{r+s}$
$2^{2+3x} = 2^{x+4}$ $\quad$ Basis gleich, Exponenten verschieden → Gleichsetzen der Exponenten
$3x + 2 = x + 4$ $\quad |-x-2$
$2x = 2$
$x = 1$ $\quad L = \{1\}$

Typ B: Exponentialgleichungen, die sich durch Äquivalenzumformungen auf die Form $a^{f(x)} = b^{f(x)}$ zurückführen lassen. Das sind also Gleichungen, bei denen die Basis verschieden, die Exponenten aber gleich sind. Die Lösung ergibt sich durch Nullsetzen des Exponenten.

Berechnen über der Grundmenge $G = \mathbb{R}$!

a) $3^{x-2} = 5^{x-2}$ — Solche Gleichungen liefern nur dann eine w. A., wenn der Exponent 0 ist. $3^0 = 1$ bzw. $5^0 = 1$

$x - 2 = 0$

$x = 2$ $\quad L = \{2\}$

b) $5^{x-3} \cdot 27 = 3^x$ $\quad 27 = 3^3$

$5^{x-3} \cdot 3^3 = 3^x$ $\quad |: 3^3$

$5^{x-3} = 3^x : 3^3$ $\quad$ Anwenden der Formel: $a^r : a^s = a^{r-s}$

$5^{x-3} = 3^{x-3}$ $\quad$ Basis verschieden, Exponenten gleich → Nullsetzen des Exponenten

$x - 3 = 0$

$x = 3$ $\quad L = \{3\}$

Probe: LS: $5^{3-3} \cdot 27 = 5^0 \cdot 27 = 1 \cdot 27 = 27$

RS: $3^3 = 27$ $\quad$ LS = RS w. A.

Typ C: Exponentialgleichungen, wo weder die Basen noch die Exponenten gleich sind. Diese kann man lösen, indem man beide Seiten der Gleichung logarithmiert.

Berechnen über der Grundmenge $G = \mathbb{R}$!

$2^x = 3$ $\quad$ Logarithmieren z. B. mit Logarithmus zur Basis e

$\ln 2^x = \ln 3$ $\quad$ Anwenden der Logarithmusgesetze

$x \cdot \ln 2 = \ln 3$ $\quad |: \ln 2$

$x = \frac{\ln 3}{\ln 2}$

$x = 1{,}58496..$

$x = 1{,}5850$ $\quad L = \{1{,}5850\}$

Für den radioaktiven Zerfall wird allgemein $N_t = N_0 \cdot e^{-\lambda \cdot t}$ angenommen.

N_t … Anzahl der zur Zeit t nicht zerfallenen Atomkerne
N_0 … Anzahl der zur Zeit t = 0 nicht zerfallenen Atomkerne
λ … Zerfallskonstante abhängig vom radioaktiven Stoff

Berechne die Zerfallskonstante für das radioaktive Isotop Cäsium-137, wenn man weiß, dass die Halbwertszeit ca. 30 Jahre beträgt!

$N_t = N_0 \cdot e^{-\lambda \cdot t}$ $\quad$ Zum Zeitpunkt t = 30 gilt, dass die Hälfte der Stoffmenge zerfallen ist. Einsetzen für $N_t = \frac{1}{2} N_0$ und t = 30

$\frac{1}{2} N_0 = N_0 \cdot e^{-\lambda \cdot 30}$ $\quad |: N_0$

$\frac{1}{2} = e^{-\lambda \cdot 30}$ $\quad |\ \ln$

$\ln \frac{1}{2} = \ln e^{-\lambda \cdot 30}$

$\ln \frac{1}{2} = -30\lambda \cdot \ln e$ $\quad \ln e = 1$ da $e^1 = e$

$\ln \frac{1}{2} = -30\lambda$ $\quad |: (-30)$

$\lambda = \frac{\ln \frac{1}{2}}{-30}$

$\lambda = 0{,}02310...$ $\quad \rightarrow N_t = N_0 \cdot e^{-0{,}0231 \cdot t}$ $\quad$ Zerfallsgesetz für Cäsium-137

Berechne, nach welcher Zeit t noch $\frac{1}{4}$ der ursprünglichen Masse vorhanden ist!

$N_t = N_0 \cdot e^{-0{,}0231 \cdot t}$ Einsetzen von $N_t = \frac{1}{4} N_0$ bzw. $N_t = 0{,}25 \cdot N_0$

$0{,}25 \cdot N_0 = N_0 \cdot e^{-0{,}0231 \cdot t}$ $|: N_0$

$0{,}25 = e^{-0{,}0231 \cdot t}$ $|\ \ln$

$\ln 0{,}25 = \ln e^{-0{,}0231 \cdot t}$

$\ln 0{,}25 = -0{,}0231\, t \cdot \ln e$ $\ln e = 1$

$\ln 0{,}25 = -0{,}0231t$ $|: (-0{,}0231)$

$t = \frac{\ln 0{,}25}{-0{,}0231}$

$t = 60{,}01..$

$t = 60$ Nach ca. 60 Jahren ist noch $\frac{1}{4}$ der ursprünglichen Masse vorhanden.

Logarithmische Gleichungen

Gleichungen, bei denen die Variable im Numerus eines Logarithmus vorkommt, heißt logarithmische Gleichung.

Berechne über der Grundmenge $G = \mathbb{R}$!

a) $\log 7 + \log(3x + 1) = 2 \log 4 + \log(x + 2)$

$\log[7 \cdot (3x + 1)] = \log 4^2 \cdot (x + 2)$ Umkehrung der Logarithmusgesetze

$7 \cdot (3x + 1) = 4^2 \cdot (x + 2)$ 2 Logarithmen sind gleich, wenn die Numeri gleich sind.

$21x + 7 = 16x + 32$

$5x = 25$

$x = 5$ $L = \{5\}$

Probe: LS: $\log 7 + \log(15 + 1) = \log 7 + \log 16 = \log(7 \cdot 16) = \log 112$

RS: $2 \log 4 + \log(5 + 2) = \log 16 + \log 7 = \log(16 \cdot 7) = \log 112$ LS = RS w. A.

b) $(\lg x)^2 + \lg x^2 = 24$

$(\lg x)^2 + 2 \cdot \lg x = 24$ Substitution $u = \lg x$

$u^2 + 2u - 24 = 0$ Man erhält eine quadratische Gleichung

$u = -1 \pm \sqrt{1 + 24}$

$u = -1 \pm 5$

$u_1 = -6$ bzw. $u_2 = 4$

1. Lösung für $u = -6$

$\lg x = -6$

$x_1 = 0{,}000001$

2. Lösung für $u = 4$

$\lg x = 4$

$x_2 = 10\,000$ $L = \{0{,}000001; 10\,000\}$

Probe:

$x_1 = 0{,}000001$

LS: $(\lg 0{,}000001)^2 + \lg 0{,}000001^2 = (-6)^2 - 12 = 36 - 12 = 24$

RS: 24 LS = RS w. A.

$x_2 = 10\,000$

LS: $(\lg 10\,000)^2 + \lg 10\,000^2 = 4^2 + 8 = 16 + 8 = 24$

RS: 24 LS = RS w. A.

Exponentialfunktion und Logarithmusfunktion

1 Eine Bakterienkultur besteht zu Beginn der Beobachtung (zur Zeit t = 0) aus $n_0 = 1\,000$ Bakterien. Alle drei Stunden verdoppelt sich die Anzahl der Bakterien.

a) Stelle ein Wachstumsgesetz der Form $N(t) = N_0 \cdot a^t$

b) Berechne, wie viele Bakterien nach 12 bzw. nach 24 Stunden vorhanden sind.

---

2 Das radioaktive Element Plutonium-239 hat eine Halbwertszeit von ca. 24 000 Jahren.

a) Stelle das Zerfallsgesetz auf!

b) Um wie viel Prozent nimmt die Menge von Plutonium-239 nach
(1) 50 Jahren (2) 100 Jahren ab?

---

3 Berechne!

a) $^2\log 4$ b) $^3\log 81$ c) $^4\log 4$ d) $^2\log \frac{1}{8}$

e) $^3\log \sqrt[3]{3}$ f) $^{10}\log \sqrt{0{,}1}$ g) $\ln e^2$ h) $\ln \sqrt[3]{e}$

---

4 Zerlege!

a) $\log (4x)$ b) $\log \sqrt[3]{x}$ c) $\log \frac{x^2y^3}{z^5}$

d) $\log \sqrt[3]{\frac{4xy}{x^2-y^2}}$ e) $\log \frac{\sqrt{x}}{\sqrt[3]{x^2}}$ f) $\log \sqrt[4]{\frac{3}{x^3}}$

---

5 Schreibe als Logarithmus eines Terms an!

a) $\log x + \log y + \log z$ b) $\log x - (\log y + \log z)$

c) $3 \log x + 2 \log y$ d) $2 \log x - \frac{1}{2}\log y$

---

6 Schreibe als Logarithmus eines Terms an!

a) $\log x + \log 3 + \frac{1}{3}(\log 5 + 2 \log x)$

b) $\log x - 2 \log y + \frac{1}{4}(\log x + 3 \log y - \frac{1}{2}\log z)$

---

7 Berechne über der Grundmenge $G = \mathbb{R}$!

a) $3^x = 81$ b) $(-2)^x = -8$ c) $2^{-x} = \frac{1}{64}$

---

8 Berechne über der Grundmenge $G = \mathbb{R}$!

a) $5^{3x+2} = 3\,125$ b) $2^{x-2} = \sqrt{2^{x+2}}$

9 Berechne über der Grundmenge $G = \mathbb{R}$!

$3^{x+2} \cdot 5^{x+2} = 5^{2x+4} - 2 \cdot 5^{2x+3}$

Anleitung: Hebe auf der rechten Seite zunächst den „kleineren" Faktor 5^{2x+3} heraus!

10 Berechne über der Grundmenge $G = \mathbb{R}$!

$3^{x+4} + 5^{x+2} = 7 \cdot 3^{x+1} - 2 + 5^{x+3}$

11 Berechne über der Grundmenge $G = \mathbb{R}$!

a) $3^{x-2} = 5$
b) $2^x = 5$
c) $4^{x-1} = \sqrt{2}$
d) $7^{x-3} = 3^{2x-5}$
e) $5^{x-1} = 2^{x+3}$
f) $5^2 \cdot 5^x = 2^{x+3} \cdot 2^x$

12 Berechne über der Grundmenge $G = \mathbb{R}$!

a) $2 \log 4 + \log (x + 2) = \log 7 + \log (3x + 1)$

b) $3 \log x + 2 \log x - \log 32 = 0$

13 Eine Bakterienkultur wächst um ca. 8% pro Stunde. Berechne, nach welcher Zeit 1 000 000 Bakterien vorhanden sind, wenn es zu Beginn der Beobachtung ca. 200 000 Bakterien waren?

14 Nach 10 Milliarden Jahren sind von 50 g Uran-238 noch 11 g nicht zerfallen.

a) Stelle das Zerfallsgesetz $N_t = N_0 \cdot e^{-\lambda \cdot t}$ auf!

b) Wie groß ist die Halbwertszeit von Uran-238?

15 Für Cäsium-137 gilt das Zerfallsgesetz $N_t = N_0 \cdot e^{-0{,}0231 \cdot t}$.

a) Berechne, wie viel Prozent der Anfangsmasse nach 20 Jahren noch vorhanden sind?

b) Wie lange dauert es, bis die Cäsium-Belastung auf 10% des Ausgangswerts zurückgegangen ist?

16 Für das Kohlenstoffisotop C-14 gilt eine Halbwertszeit von ca. 5 750 Jahren.

a) Stelle das Zerfallsgesetz $N_t = N_0 \cdot e^{-\lambda \cdot t}$ auf!

b) Wie alt ist ein Material, bei dem noch 30% des ursprünglichen Gehalts an C-14 nachgewiesen werden kann?

Logarithmusfunktion

Wenn man von der Exponentialfunktion $y = a^x$ ausgeht, so erhält man die Umkehrfunktion durch Vertauschen von x und y.

$x = a^y$ | ${}^a\log$ Auflösen der Gleichung durch Logarithmieren.

${}^a\log x = {}^a\log a^y$

${}^a\log x = y \cdot {}^a\log a$ ${}^a\log a = 1$ weil $a^1 = a$

$y = {}^a\log x$

Eine Funktion ${}^a\log$: $\mathbb{R}^+ \to \mathbb{R}$: $y = {}^a\log x$ mit $a \in \mathbb{R}^+\setminus\{1\}$ heißt Logarithmusfunktion zur Basis a. Sie ist die Umkehrfunktion zur Exponentialfunktion $y = a^x$

Beachte: Jede Umkehrfunktion liegt spiegelbildlich zur 1. Mediane. Wenn man also eine Logarithmusfunktion zeichnen muss, ist es möglich, zunächst die Umkehrfunktion (Exponentialfunktion) zu zeichnen, und dann eine Spiegelung an der 1. Mediane durchzuführen.

Zeichne den Graphen der Funktion

a) $y = {}^2\log x$
zugehörige Umkehrfunktion $y = 2^x$

x	2^x
–3	0,13
–2	0,25
–1	0,5
0	1
1	2
2	4
3	8

bzw.

x	${}^2\log x$
0,13	–3
0,25	–2
0,5	–1
1	0
2	1
4	2
8	3

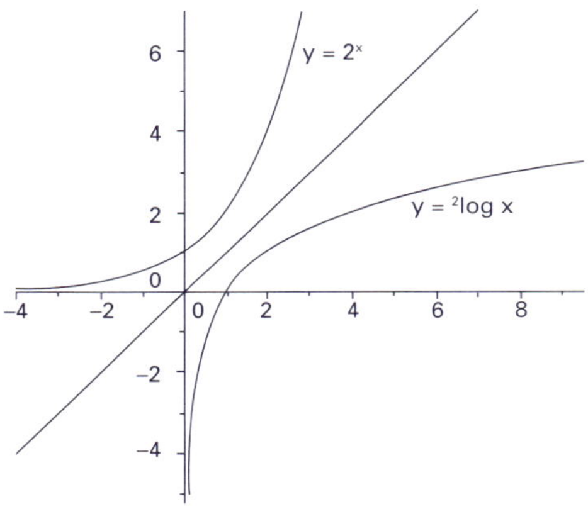

b) $y = \ln x$
zugehörige Umkehrfunktion $y = e^x$

x	e^x
–2	0,14
–1	0,37
0	1
1	2,72
2	7,39

bzw.

x	ln x
0,14	–2
0,37	–1
1	0
2,72	1
7,39	2

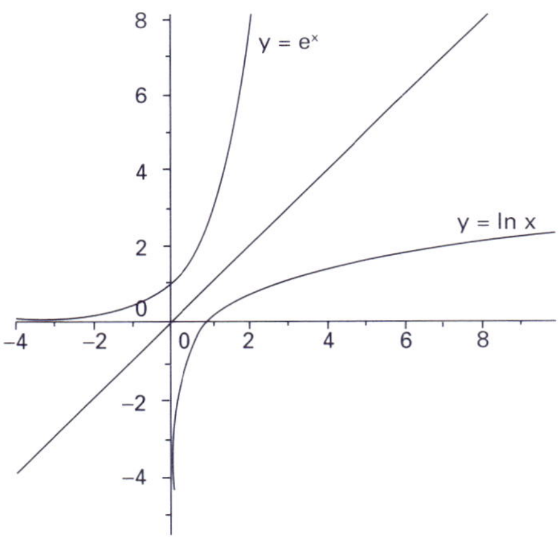

c) $y = {}^{0,5}\log x$
zugehörige Umkehrfunktion $y = 0,5^x$

x	$0,5^x$
−3	8
−2	4
−1	2
0	1
1	0,5
2	0,25
3	0,13

bzw.

x	${}^{0,5}\log x$
8	−3
4	−2
2	−1
1	0
0,5	1
0,25	2
0,13	3

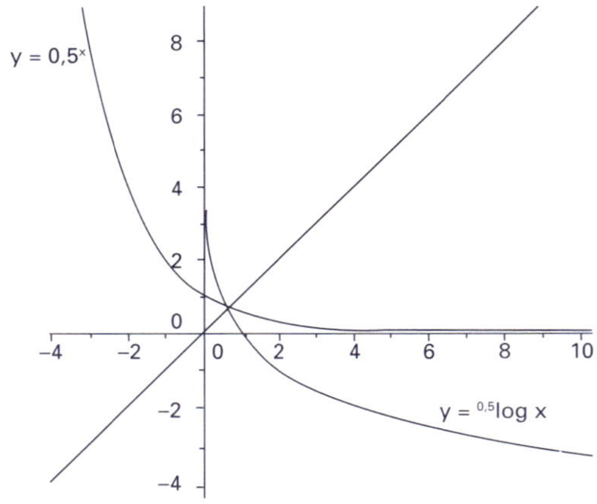

Eigenschaften der Logarithmusfunktion

1) Der Graph der Funktion verläuft rechts der y-Achse, da die Logarithmusfunktion nur für positive reelle Zahlen definiert ist.
2) Der Graph der Funktion enthält stets den Punkt P(1/0).
3) Für $a > 1$ ist die Funktion streng monoton wachsend,
   für $0 < a < 1$ streng monoton fallend.
4) Die y-Achse ist Asymptote.

Reelle Funktionen

Definition und Eigenschaften von reellen Funktionen

Eine Zuordnung, die jedem Element x einer Urmenge (Definitionsmenge) genau ein Element y einer Zielmenge (Bildmenge) zuordnet, heißt **Funktion** (Abbildung) f. Sind Definitionsmenge und Zielmenge die Menge $\mathbb{R}$ (oder eine Teilmenge von $\mathbb{R}$), so spricht man von reellen Funktionen.

Beispiele von reellen Funktionen: Polynomfunktion, Logarithmus- und Exponentialfunktion

Monotonieverhalten, Minimum, Maximum einer Funktion

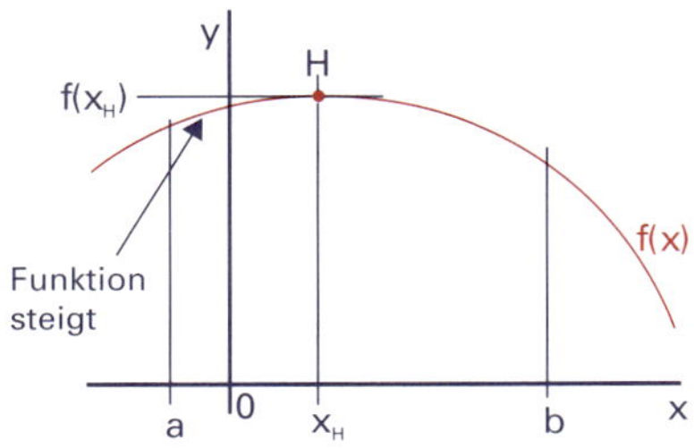

H … Hochpunkt

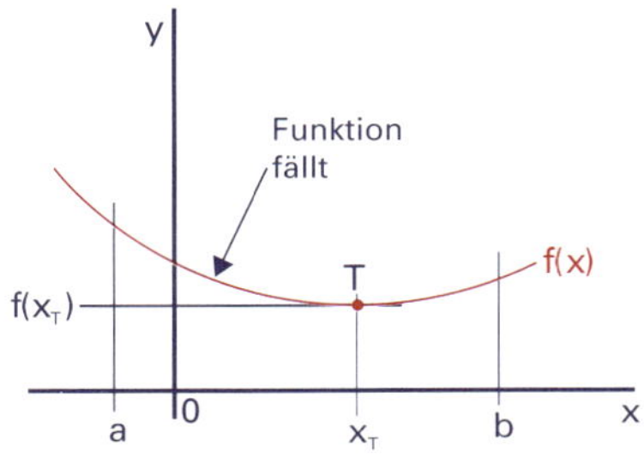

T … Tiefpunkt

Im Intervall [a; b] hat die Funktion an der Stelle x_H den größten Funktionswert $f(x_H)$. Man nennt diese Stelle x_H Maximum.

Im Intervall [a; x_H] gilt: Mit wachsendem x-Wert steigt auch der zugehörige Funktionswert:

$$x_2 > x_1 \Rightarrow f(x_2) > f(x_1)$$

Man sagt: Die Funktion ist im Intervall [a; x_H] streng monoton steigend.

Im Intervall [x_H; b] gilt: Mit wachsendem x-Wert fällt der zugehörige Funktionswert. Man sagt: Die Funktion ist im Intervall [x_H; b] streng monoton fallend.

Im Intervall [a; b] hat die Funktion an der Stelle x_T den kleinsten Funktionswert $f(x_T)$. Man nennt diese Stelle x_T Minimum.

Im Intervall [a; x_T] gilt: Mit wachsendem x-Wert fällt der zugehörige Funktionswert:

$$x_2 > x_1 \Rightarrow f(x_2) < f(x_1)$$

Man sagt: Die Funktion ist im Intervall [a; x_T] streng monoton fallend.

Im Intervall [x_T; b] gilt: Mit wachsendem x-Wert steigt auch der zugehörige Funktionswert. Man sagt: Die Funktion ist im Intervall [x_T; b] streng monoton steigend.

An den Stellen x_H bzw. x_T ändert die Funktion das Monotonieverhalten. Die Stellen x_H bzw. x_T nennt man relative (lokale) Extremstellen.

An der Stelle x_H liegt bezogen auf eine kleine Umgebung (unmittelbar um x_H) der größte Funktionswert vor. Man bezeichnet diese Stelle als ein lokales (oder relatives) Maximum.

An der Stelle x_T liegt bezogen auf eine kleine Umgebung (unmittelbar um x_T) der kleinste Funktionswert vor. Man bezeichnet diese Stelle als ein lokales (oder relatives) Minimum.

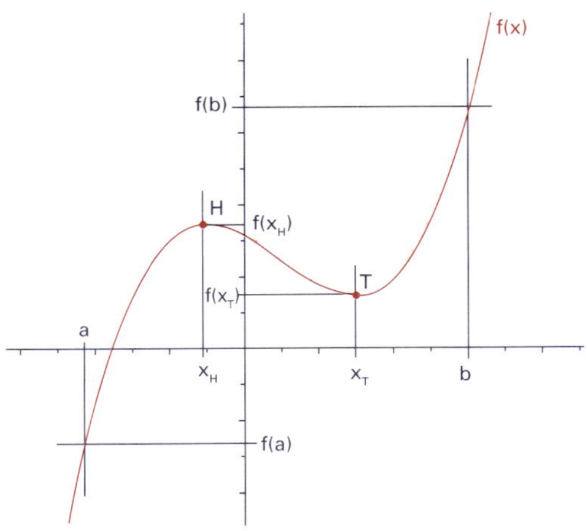

An den relativen Extremstellen (relatives Maximum und relatives Minimum) ändert sich das Monotonieverhalten der Funktion.
Betrachtet man allerdings das ganze Intervall [a; b], dann nimmt die Funktion im Randpunkt x = b den größten Funktionswert an. x = b heißt dann absolutes Maximum im Intervall [a; b]. Der absolut kleinste Funktionswert liegt an der Stelle x = a vor. Diese Stelle wird als das absolute Minimum bezeichnet.

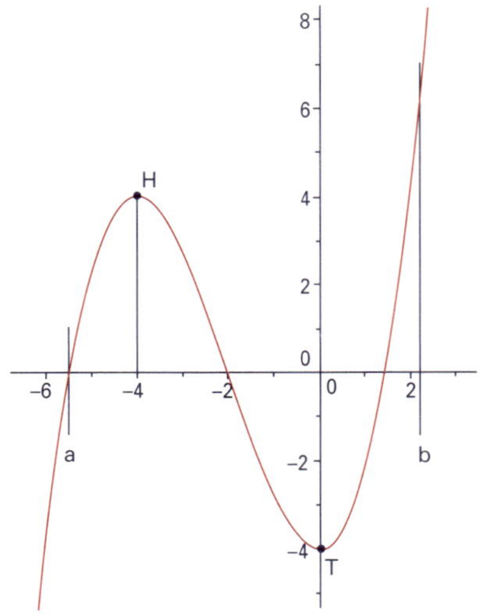

Lies aus dem Graphen der Funktion f(x) das Monotonieverhalten ab und gib Maximum und Minimum an!

An der Stelle x = –4 liegt ein relatives Maximum vor, an der Stelle x = 0 gibt es ein relatives Minimum.

In den relativen Extremstellen ändert sich das Monotonieverhalten der Funktion.
[a; –4] streng monoton steigend
[–4; 0] streng monoton fallend
[0; b] streng monoton steigend

Beachte:
Das *absolute Minimum* ist an der Stelle x = 0, d. h. hier fällt das absolute Minimum mit dem relativen Minimum zusammen.
Das *absolute Maximum* liegt am Rand, und zwar an der Stelle x = b.

Nullstellen einer Funktion

Jene Argumente x, denen der Funktionswert y = 0 zugeordnet ist, heißen Nullstellen der Funktion y = f(x). Die Nullstellen sind also die Lösungen der Gleichung f(x) = 0.

Gerade und ungerade Funktion

Eine Funktion f: y = f(x)
heißt gerade Funktion, wenn für alle x der Definitionsmenge gilt: f(x) = f(–x)
heißt ungerade Funktion, wenn für alle x der Definitionsmenge gilt: f(–x) = –f(x)

Stetigkeit einer Funktion

Eine Funktion f heißt stetig bei x_0, wenn für alle beliebigen Folgen $\langle x_n \rangle$, die gegen x_0 streben, die Folgen der zugehörigen Funktionswerte $\langle f(x_n) \rangle$ gegen $f(x_0)$ streben, d. h. $\lim\limits_{x_n \to x_0} f(x_n) = f(x_0)$.

Für die Überprüfung, ob eine Funktion an der Stelle x_0 stetig ist, muss man so vorgehen:

1) Gilt $\lim\limits_{x_n \to x_0} f(x_n) = f(x_0)$ für alle x_n?
2) Stimmt der Funktionswert $f(x_0)$ für die linksseitige Annäherung an x_0 mit der rechtsseitigen Annäherung an x_0 überein?

Beachte: Eine Betrachtung der Stetigkeit ist nur an jenen Stellen sinnvoll, wo die Funktion definiert ist (Definitionsmenge).

Beispiele:

Polynomfunktion
$y = \frac{1}{8}(x^3 + x^2 - 10x + 24)$

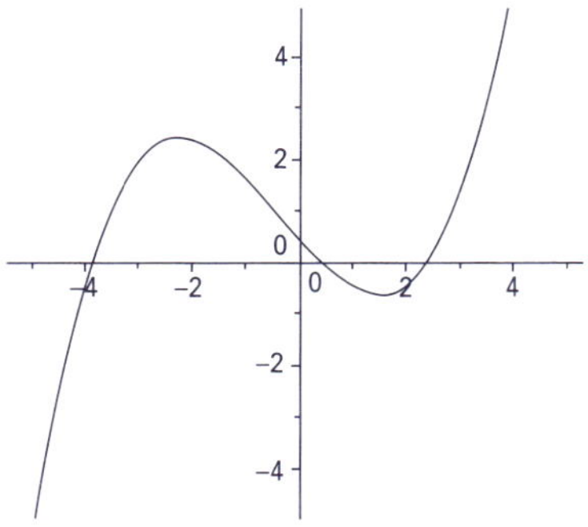

Exponentialfunktion
$y = (\frac{4}{3})^x$

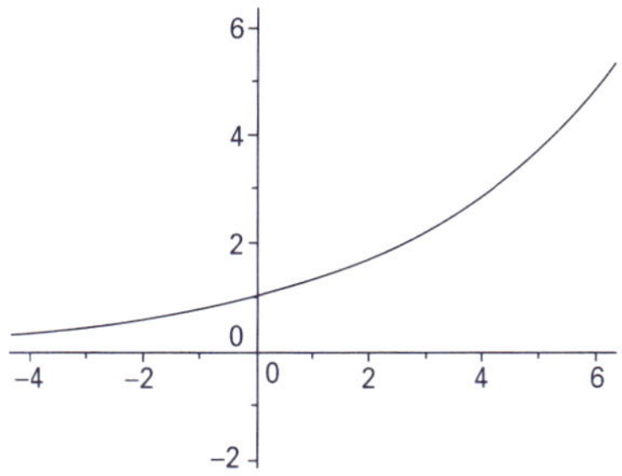

Diese Funktionen sind in ganz $\mathbb{R}$ definiert und stetig.

Signumfunktion $y = \operatorname{sgn} x$

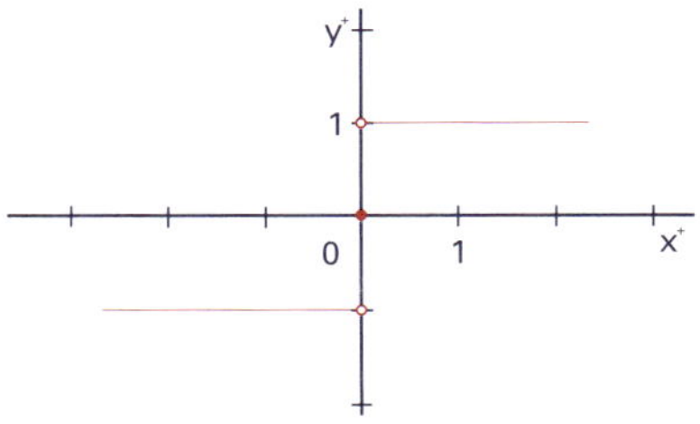

Der Graph besteht aus zwei zur x-Achse parallelen Strahlen und einem isolierten Punkt im Ursprung (Sprungstelle).
An der Stelle $x = 0$ ist die Funktion zwar definiert, doch stimmen dort linksseitiger und rechtsseitiger Grenzwert nicht überein. An der Stelle $x = 0$ liegt also eine Unstetigkeitsstelle vor.

Rationale Funktionen z. B. $y = \frac{1}{x}$

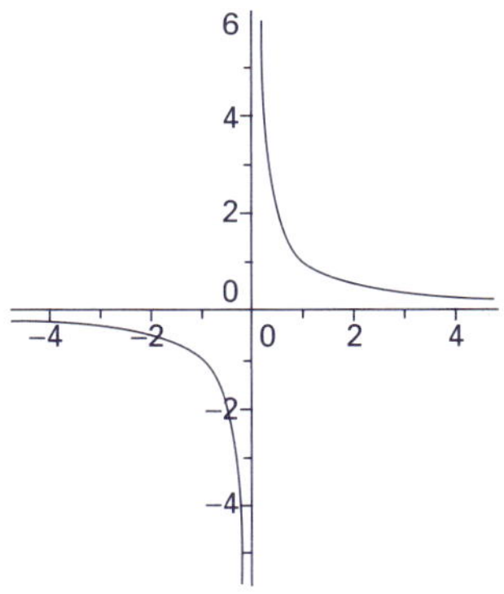

An der Stelle $x = 0$ ist die Funktion nicht definiert. $x = 0$ … Polstelle
An allen anderen Stellen ist die Funktion definiert und stetig.

Winkelfunktionen

Um die Graphen der Winkelfunktionen zu zeichnen, muss man dem Winkel x im Bogenmaß (auf der x-Achse aufgetragen) den entsprechenden Wert der Winkelfunktion auf der y-Achse zuordnen. Dazu wird auf der x-Achse die Länge des Einheitskreises ($u = 2\pi$) aufgetragen.

Sinusfunktion: f: $\mathbb{R} \to [-1; 1]$: $y = \sin x$

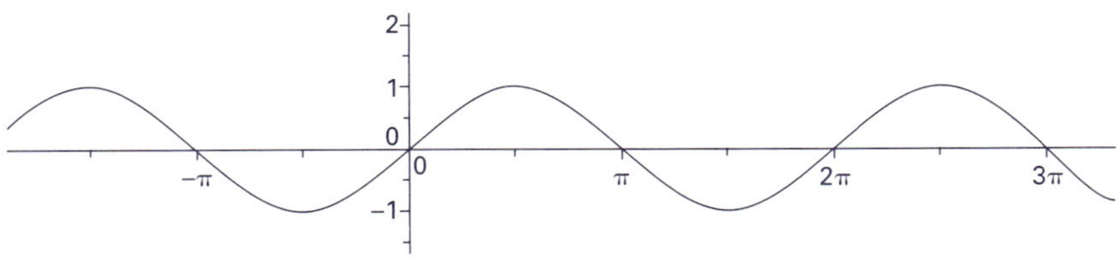

Eigenschaften:
1) Definitionsmenge $\mathbb{R}$, Wertebereich $[-1; 1]$
2) Alle Werte wiederholen sich nach 2π. Man nennt 2π die Periodenlänge der Funktion.
3) Nullstellen bei allen ganzzahligen Vielfachen von π: $\sin k\pi = 0$ mit $k \in \mathbb{Z}$

4) Hochpunkte bei $\ldots -\frac{3\pi}{2}, \frac{\pi}{2}, \frac{5\pi}{2}, \ldots$ $\sin(\frac{\pi}{2} + 2k\pi) = 1$ mit $k \in \mathbb{Z}$
5) Tiefpunkte bei $\ldots -\frac{\pi}{2}, \frac{3\pi}{2}, \frac{7\pi}{2}, \ldots$ $\sin(-\frac{\pi}{2} + 2k\pi) = -1$ mit $k \in \mathbb{Z}$
6) Da $\sin(-x) = -\sin x$ gilt, ist die Sinusfunktion eine ungerade Funktion.

Cosinusfunktion: f: $\mathbb{R} \to [-1; 1]$: $y = \cos x$

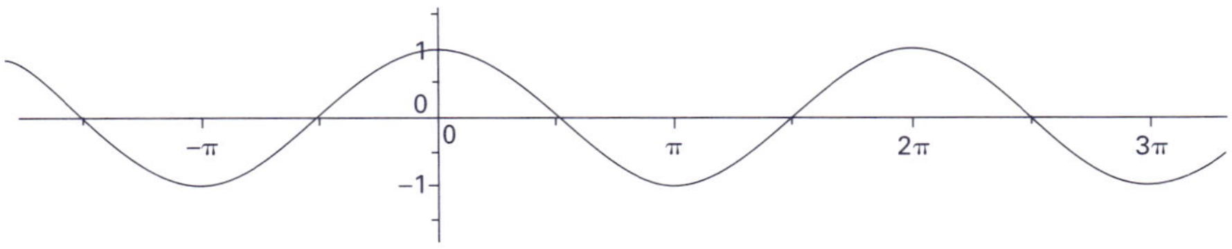

Eigenschaften:
1) Definitionsmenge $\mathbb{R}$, Wertebereich $[-1; 1]$
2) Alle Werte wiederholen sich nach 2π. Man nennt 2π die Periodenlänge der Funktion.
3) Nullstellen bei allen ungeraden Vielfachen von $\frac{\pi}{2}$: $\cos (2k + 1) \cdot \frac{\pi}{2} = 0$ mit $k \in \mathbb{Z}$
4) Hochpunkte bei $\ldots -2\pi, 0, 2\pi, 4\pi \ldots$ $\cos(k \cdot 2\pi) = 1$ mit $k \in \mathbb{Z}$
5) Tiefpunkte bei $\ldots -\pi, \pi, 3\pi \ldots$ $\cos(2k + 1) \cdot \pi = -1$ mit $k \in \mathbb{Z}$
6) Da $\cos(-x) = \cos x$ gilt, ist die Cosinusfunktion eine gerade Funktion.

Beachte: Die Graphen der Sinus- und der Cosinusfunktion gehen durch eine Schiebung um $\frac{\pi}{2}$ in Richtung der x-Achse ineinander über.

Tangensfunktion: f: $\mathbb{R} \to \mathbb{R}$: $y = \tan x$

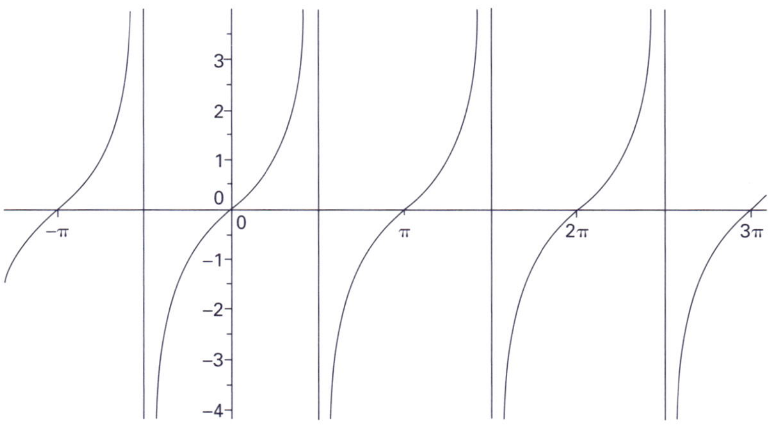

Eigenschaften:
1) Definitionsmenge $\mathbb{R}\backslash\{(2k + 1) \cdot \frac{\pi}{2}$ mit $k \in \mathbb{Z}$ (alle ungeraden Vielfachen von $\frac{\pi}{2}$).
2) Die Tangensfunktion ist eine periodische Funktion mit der Periodenlänge π.
3) Nullstellen bei allen ganzzahligen Vielfachen von π: $\tan k\pi = 0$ mit $k \in \mathbb{Z}$.
4) Es gibt weder Hochpunkte noch Tiefpunkte.
5) Da $\tan(-x) = -\tan x$ gilt, ist die Tangensfunktion eine ungerade Funktion.
6) Definitionslücken (Polstellen) bei $\ldots -\frac{\pi}{2}, \frac{\pi}{2}, \frac{3\pi}{2} \ldots$
In diesen Stellen gibt es Asymptoten, die parallel zur y-Achse verlaufen.

Allgemeine Winkelfunktionen

Zeichne den Graphen der Funktion $y = \frac{1}{2} \cdot \cos x$!

x (in rad)	$-\pi$	$-\frac{3\pi}{4}$	$-\frac{\pi}{2}$	$-\frac{\pi}{4}$	0	$\frac{\pi}{4}$	$\frac{\pi}{2}$	$\frac{3\pi}{4}$	π	$\frac{5\pi}{4}$	$\frac{3\pi}{2}$	$\frac{7\pi}{4}$	2π
$\frac{1}{2}\cos x$	–0,5	–0,35	0	0,35	0,5	0,35	0	–0,35	–0,5	–0,35	0	0,35	0,5

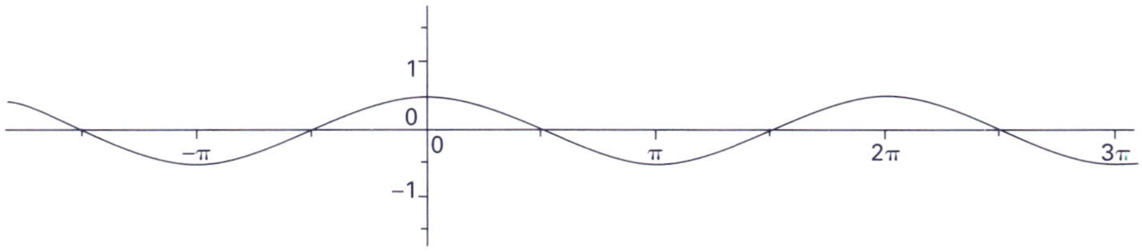

Zeichne den Graphen der Funktion $y = \sin 2x$!

x (in rad)	$-\pi$	$-\frac{3\pi}{4}$	$-\frac{\pi}{2}$	$-\frac{\pi}{4}$	0	$\frac{\pi}{4}$	$\frac{\pi}{2}$	$\frac{3\pi}{4}$	π	$\frac{5\pi}{4}$	$\frac{3\pi}{2}$	$\frac{7\pi}{4}$	2π
sin 2x	0	1	0	–1	0	1	0	–1	0	1	0	–1	0

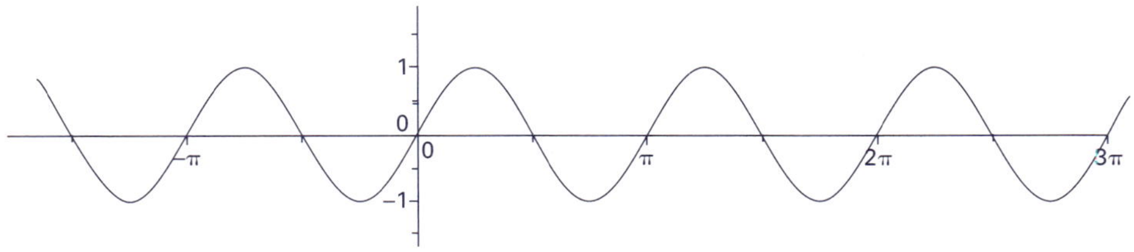

Zusammenhang zwischen den Winkelfunktionen

$\sin^2\alpha + \cos^2\alpha = 1$ $\quad$ $\sin\alpha = \sqrt{1-\cos^2\alpha}$ $\quad$ $\cos\alpha = \sqrt{1-\sin^2\alpha}$

$\tan\alpha = \frac{\sin\alpha}{\cos\alpha}$ $\quad$ $\tan^2\alpha + 1 = \frac{1}{\cos^2\alpha}$ $\quad$ $\frac{1}{\tan^2\alpha} + 1 = \frac{1}{\sin^2\alpha}$

Vereinfache den Term!

a) $\frac{1}{\tan\alpha} \cdot \sin\alpha - \cos\alpha \cdot \tan\alpha =$ — Einsetzen für $\tan\alpha = \frac{\sin\alpha}{\cos\alpha}$

$= \frac{1}{\frac{\sin\alpha}{\cos\alpha}} \cdot \sin\alpha - \cos\alpha \cdot \frac{\sin\alpha}{\cos\alpha} =$ — Auflösen des Doppelbruchs und kürzen

$= \frac{\cos\alpha}{\sin\alpha} \cdot \sin\alpha - \sin\alpha = \cos\alpha - \sin\alpha$

b) $\frac{1-\sin\alpha}{\cos\alpha} + \frac{\cos\alpha}{1-\sin\alpha} =$ — Auf gleichen Nenner bringen

$= \frac{(1-\sin\alpha)^2 + \cos^2\alpha}{\cos\alpha \cdot (1-\sin\alpha)} =$ — Ausquadrieren

$= \frac{1 - 2\sin\alpha + \sin^2\alpha + \cos^2\alpha}{\cos\alpha \cdot (1-\sin\alpha)} =$ — $\sin^2\alpha + \cos^2\alpha = 1$

$= \frac{1 - 2\sin\alpha + 1}{\cos\alpha \cdot (1-\sin\alpha)} =$

$= \frac{2 - 2\sin\alpha}{\cos\alpha \cdot (1-\sin\alpha)} =$ — Herausheben von 2

$= \frac{2 \cdot (1-\sin\alpha)}{\cos\alpha \cdot (1-\sin\alpha)} =$ — Kürzen durch $1 - \sin\alpha$

$= \frac{2}{\cos\alpha}$

Reelle Funktionen

1 Zeichne den Graphen der Funktion und der zugehörigen Umkehrfunktion!

a) $y = {}^{3}\log x$ **b)** $y = \lg x$ **c)** $y = {}^{\frac{3}{4}}\log x$

2 Zeichne den Graphen der Funktion und gib die Nullstellen an!

a) $y = x^2 + x - 6$ **b)** $y = x^2 - 2x - 3$

c) $y = \frac{1}{5}(x^3 - 13x - 12)$ **d)** $y = \frac{1}{2}x^3 + \frac{1}{2}x^2 - 4x - 6$

3 Zeichne den Graphen der Funktion!

a) $y = \frac{1}{2}\sin x$ **b)** $y = \cos 2x$

c) $y = -\frac{1}{2}\tan x$ **d)** $y = \sin x - 2$

4 Vereinfache den Term!

a) $\frac{\sin^2 \alpha}{1 - \cos \alpha}$ **b)** $\frac{\sin^3 \alpha}{\cos \alpha - \cos^3 \alpha}$

Analytische Geometrie des Raumes

Vergleiche dazu die grundlegenden Begriffe der Vektorrechnung, die bereits in der 5. Klasse besprochen wurden (siehe Aufsteigen in Mathematik, 5. Klasse).

Vektoren im Raum

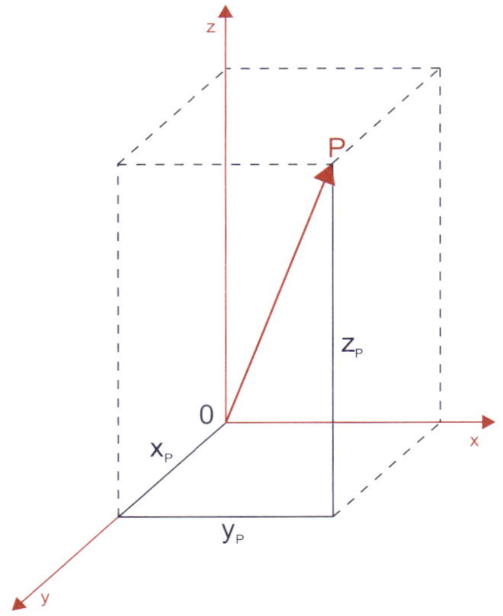

$\vec{x} = \overrightarrow{OP}$ Ortsvektor

$\vec{x} = \begin{pmatrix} x_P \\ y_P \\ z_P \end{pmatrix}$ Koordinatendarstellung

Koordinaten eines Vektors $\vec{a} = \overrightarrow{AB}$ mit $A(x_A/y_A/z_A)$ und $B(x_B/y_B/z_B)$

$\vec{a} = \overrightarrow{AB} = \begin{pmatrix} x_B - x_A \\ y_B - y_A \\ z_B - z_A \end{pmatrix}$ „Spitze minus Schaft“

Anmerkung: Da jeder Punkt im (dreidimensionalen) Raum durch 3 Koordinaten (ein Tripel) aus $\mathbb{R} \times \mathbb{R} \times \mathbb{R}$ festgelegt ist, schreibt man für den „Raum“ häufig abgekürzt $\mathbb{R}^3$.

Addition und Subtraktion von Vektoren

$\vec{a} = \begin{pmatrix} x_a \\ y_a \\ z_a \end{pmatrix}, \quad \vec{b} \begin{pmatrix} x_b \\ y_b \\ z_b \end{pmatrix} \qquad \vec{a} \pm \vec{b} = \begin{pmatrix} x_a \pm x_b \\ y_a \pm y_b \\ z_a \pm z_b \end{pmatrix}$

Multiplikation mit einem Skalar

$\vec{a} = \begin{pmatrix} x_a \\ y_a \\ z_a \end{pmatrix}, c \in \mathbb{R} \backslash \{0\} \qquad c \cdot \vec{a} = c \cdot \begin{pmatrix} x_a \\ y_a \\ z_a \end{pmatrix} = \begin{pmatrix} c \cdot x_a \\ c \cdot y_a \\ c \cdot z_a \end{pmatrix}$

Beachte: Vektoren sind genau dann zueinander parallel, wenn sie zueinander proportional sind.
$\vec{a} \parallel \vec{b} \Leftrightarrow \vec{b} = c \cdot \vec{a}$ mit $c \in \mathbb{R} \backslash \{0\}$ $\quad \vec{b}$ ist ein Vielfaches von $\vec{a}$

Inverser Vektor

$\vec{a} = \begin{pmatrix} x_a \\ y_a \\ z_a \end{pmatrix} \qquad -\vec{a} = (-1) \cdot \begin{pmatrix} x_a \\ y_a \\ z_a \end{pmatrix} = \begin{pmatrix} -x_a \\ -y_a \\ -z_a \end{pmatrix}$

$\vec{a}$ und $-\vec{a}$ haben dieselbe Länge, dieselbe Richtung (sie sind zueinander parallel), aber die entgegengesetzte Orientierung. Es gilt: $\vec{a} + (-\vec{a}) = \vec{o}$, wobei $\vec{o}$ der Nullvektor ist.

Der Nullvektor $\vec{o}$ hat die Koordinaten $\begin{pmatrix} 0 \\ 0 \\ 0 \end{pmatrix}$ und die Länge 0.

Betrag (Länge) eines Vektors

$$\vec{a} = \begin{pmatrix} x_a \\ y_a \\ z_a \end{pmatrix} \qquad |\vec{a}| = \sqrt{x_a^2 + y_a^2 + z_a^2}$$

Einheitsvektor

Der zum Vektor $\vec{a}$ parallele Vektor $\vec{a}_0 = \frac{\vec{a}}{|\vec{a}|} = \frac{1}{|\vec{a}|} \cdot \vec{a}$ heißt Einheitsvektor des Vektors $\vec{a}$.
Der Einheitsvektor hat die Länge (den Betrag) 1.

Beachte: Das Verfahren, um einen Vektor auf seinen Einheitsvektor zu bringen, heißt normieren.

Berechne den zugehörigen Einheitsvektor zu $\vec{a} = \begin{pmatrix} -10 \\ 5 \\ 10 \end{pmatrix}$.

$$|\vec{a}| = \sqrt{(-10)^2 + 5^2 + 10^2} = \sqrt{225} = 15$$

$$\vec{a}_0 = \frac{1}{15} \cdot \begin{pmatrix} -10 \\ 5 \\ 10 \end{pmatrix} = \frac{1}{15} \cdot 5 \cdot \begin{pmatrix} -2 \\ 1 \\ 2 \end{pmatrix} = \frac{1}{3} \cdot \begin{pmatrix} -2 \\ 1 \\ 2 \end{pmatrix}$$

Man hätte schon vor dem Normieren kürzen und mit dem vereinfachten Vektor rechnen können.

$$\vec{a} = \begin{pmatrix} -10 \\ 5 \\ 10 \end{pmatrix} = 5 \cdot \begin{pmatrix} -2 \\ 1 \\ 2 \end{pmatrix} \quad |\vec{a}| = \sqrt{(-2)^2 + 1^2 + 2^2} = \sqrt{9} = 3$$

$$\vec{a}_0 = \frac{1}{3} \cdot \begin{pmatrix} -2 \\ 1 \\ 2 \end{pmatrix}$$

Mittelpunkt einer Strecke

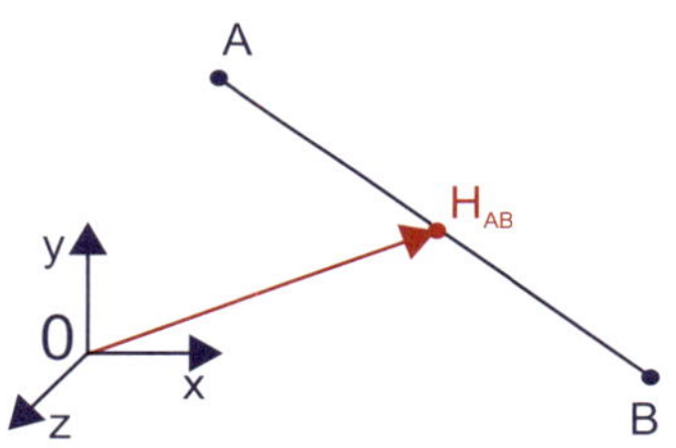

Den Mittelpunkt (Halbierungspunkt) H_{AB} erhält man, indem man zu A die Hälfte des Vektors $\overrightarrow{AB}$ addiert.

$$H_{AB} = A + \frac{1}{2} \cdot \overrightarrow{AB}$$

Gegeben sind die Punkte $A(x_a/y_a/z_a)$, $B(x_b/y_b/z_b)$

Der Halbierungspunkt H_{AB} hat die Koordinaten
$H_{AB}\left(\frac{x_a + x_b}{2} / \frac{y_a + y_b}{2} / \frac{z_a + z_b}{2}\right)$

Berechne den Halbierungspunkt der Strecke AB mit A(1/4/–3), B(5/–2/5)!

$$H_{AB}\left(\frac{1+5}{2} / \frac{4+(-2)}{2} / \frac{-3+5}{2}\right) \rightarrow H_{AB}(3/1/1)$$

Skalares Produkt zweier Vektoren

Gegeben sind die beiden Vektoren $\vec{a} = \begin{pmatrix} x_a \\ y_a \\ z_a \end{pmatrix}$, $\vec{b} = \begin{pmatrix} x_b \\ y_b \\ z_b \end{pmatrix}$.

Die Zahl $\vec{a} \cdot \vec{b} = x_a \cdot x_b + y_a \cdot y_b + z_a \cdot z_b$ heißt skalares Produkt der Vektoren $\vec{a}$ und $\vec{b}$.

Für den Winkel zwischen den Vektoren $\vec{a}$ und $\vec{b}$ gilt: $\sphericalangle(\vec{a}, \vec{b}) = \cos\alpha = \frac{\vec{a} \cdot \vec{b}}{|\vec{a}|\,|\vec{b}|} = \vec{a}_0 \cdot \vec{b}_0$

Orthogonalitätsbedingung

Zwei Vektoren stehen genau dann aufeinander normal (sie sind genau dann orthogonal), wenn ihr skalares Produkt Null ist.

$\vec{a} \perp \vec{b} \Leftrightarrow \vec{a} \cdot \vec{b} = 0$

Bestimmung des Normalvektors im Raum

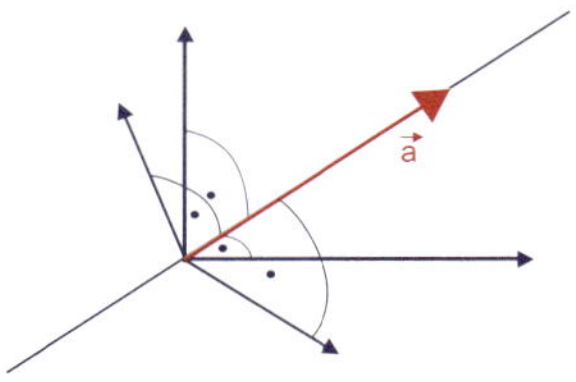

Zu einem (jedem) Vektor im $\mathbb{R}^3$ gibt es unendlich viele Normalvektoren.

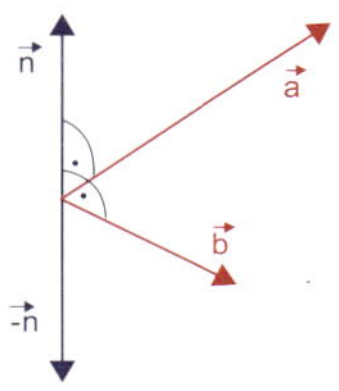

Für zwei Vektoren im Raum kann aber eindeutig die Richtung des Normalvektors bestimmt werden.
Es gilt die Orthogonalitätsbedingung:
$\vec{n} \cdot \vec{a} = 0$ und $\vec{n} \cdot \vec{b} = 0$

Ermittle die Koordinaten des Normalvektors $\vec{n} = \begin{pmatrix} x_n \\ y_n \\ z_z \end{pmatrix}$ zu $\vec{a} = \begin{pmatrix} -2 \\ 3 \\ 1 \end{pmatrix}$, $\vec{b} = \begin{pmatrix} 2 \\ -1 \\ 5 \end{pmatrix}$!

Es gilt: $\vec{n} \cdot \vec{a} = 0$

$$\begin{pmatrix} x_n \\ y_n \\ z_z \end{pmatrix} \cdot \begin{pmatrix} -2 \\ 3 \\ 1 \end{pmatrix} = -2x_n + 3y_n + z_n = 0$$

Es gilt: $\vec{n} \cdot \vec{b} = 0$

$$\begin{pmatrix} x_n \\ y_n \\ z_z \end{pmatrix} \cdot \begin{pmatrix} 2 \\ -1 \\ 5 \end{pmatrix} = 2x_n - y_n + 5z_n = 0$$

$$\begin{array}{lrl} \text{I} & -2x_n + 3y_n + z_n = 0 & \\ \text{II} & 2x_n - y_n + 5z_n = 0 & \\ \hline & 2y_n + 6z_n = 0 & |:2 \\ & y_n + 3z_n = 0 & \\ & z_n = t & \\ & y_n = -3t & \end{array}$$

Man erhält ein Gleichungssystem mit 3 Variablen.

Eine lineare Gleichung in 2 Variablen.
Setze für $z_n = t$ mit $t \in \mathbb{R}$

Aus II: $2 \cdot x_n - (-3t) + 5t = 0$

$$2 \cdot x_n + 3t + 5t = 0$$

$$2 \cdot x_n = -8t \quad \rightarrow x_n = -4t$$

$$\vec{n} = \begin{pmatrix} x_n \\ y_n \\ z_z \end{pmatrix} = \begin{pmatrix} -4t \\ -3t \\ t \end{pmatrix} = t \cdot \begin{pmatrix} -4 \\ -3 \\ 1 \end{pmatrix} \qquad \vec{n} = \begin{pmatrix} -4 \\ -3 \\ 1 \end{pmatrix}$$

Koordinaten eines Normalvektors

Beachte: Jedes Vielfache (t-fache) ist natürlich auch Normalvektor.

Projektion eines Vektors auf einen anderen

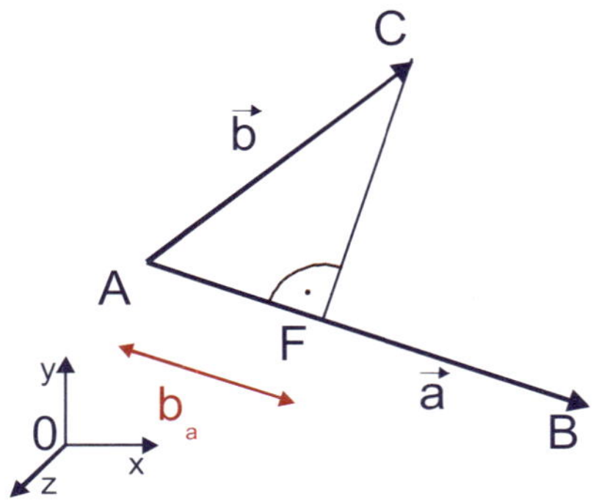

Für die Normalprojektion $\overline{AF}$ des Vektors $\vec{b}$ auf den Vektor $\vec{a}$ gilt: $b_a = \frac{\vec{a} \cdot \vec{b}}{|\vec{a}|}$

Skalares Produkt der beiden Vektoren durch den Betrag des Vektors, auf den projiziert wird.

Vektorielle Flächenformel für ein Parallelogramm (Dreieck)

Für den Flächeninhalt eines Parallelogramms gilt:
„Seite mal zugehöriger Höhe"

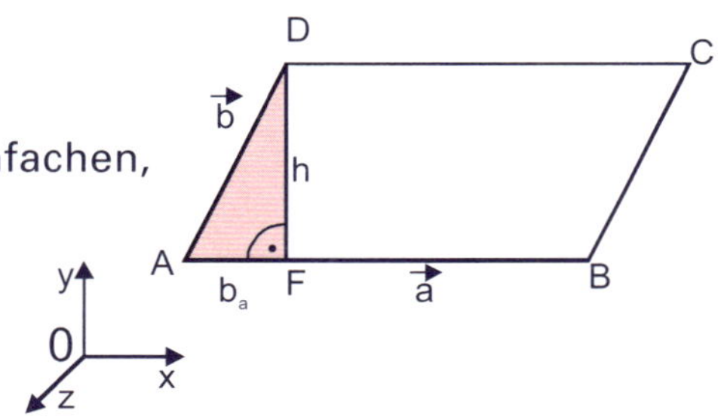

$A = |\vec{a}|^2 \cdot h \quad |^2$ Um die Schreibweise zu vereinfachen, quadriert man die Gleichung.

$A^2 = |\vec{a}|^2 \cdot h^2$

$A^2 = |\vec{a}|^2 \cdot (|\vec{b}|^2 - b_a^{\,2})$

$A^2 = |\vec{a}|^2 \cdot |\vec{b}|^2 - |\vec{a}|^2 \cdot b_a^{\,2}$ Einsetzen $b_a = \frac{\vec{a} \cdot \vec{b}}{|\vec{a}|}$

$A^2 = |\vec{a}|^2 \cdot |\vec{b}|^2 - |\vec{a}|^2 \frac{(\vec{a} \cdot \vec{b})^2}{|\vec{a}|^2}$ Kürzen durch $|\vec{a}|^2$

$A^2 = |\vec{a}|^2 \cdot |\vec{b}|^2 - (\vec{a} \cdot \vec{b})^2 \quad |\sqrt{}$

pythagoreischer Lehrsatz

$h^2 = |\vec{b}|^2 - b_a^{\,2}$

$$A = \sqrt{|\vec{a}|^2 \cdot |\vec{b}|^2 - (\vec{a} \cdot \vec{b})^2}$$

Flächenformel für ein Parallelgramm, das von den beiden Vektoren $\vec{a}$ und $\vec{b}$ aufgespannt wird.

Beachte: Auch für die Berechnung des Flächeninhalts eines Dreiecks kann man diese Formel verwenden. Ein Dreieck ist die Hälfte eines Parallelogramms.

Gegeben ist das Dreieck ABC [A(–1/0/2), B(–4/3/5), C(0/2/4)]. Berechne den Flächeninhalt!

$A = \frac{1}{2} \cdot \sqrt{|\vec{a}|^2 \cdot |\vec{b}|^2 - (\vec{a} \cdot \vec{b})^2}$ Formel (halbes Parallelogramm)

$\vec{a} = \overrightarrow{AB} = \begin{vmatrix} -3 \\ 3 \\ 3 \end{vmatrix} \quad \vec{b} = \begin{vmatrix} 1 \\ 2 \\ 2 \end{vmatrix} \quad (\vec{a} \cdot \vec{b}) = -3 + 6 + 6 = 9$

$|\vec{a}| = \sqrt{(-3)^2 + 3^2 + 3^2} = \sqrt{27} \quad |\vec{b}| = \sqrt{1^2 + 2^2 + 2^2} = \sqrt{9} = 3$

$A = \frac{1}{2} \cdot \sqrt{27 \cdot 9 - 9^2}$

$A = \frac{1}{2} \cdot \sqrt{162} = \frac{1}{2} \cdot \sqrt{81 \cdot 2} = \frac{1}{2} \cdot 9 \cdot \sqrt{2}$

$A = \frac{9}{2} \cdot \sqrt{2}$

Das vektorielle Produkt

Das vektorielle Produkt $\vec{a} \times \vec{b}$ **(„$\vec{a}$ kreuz $\vec{b}$")** zweier Vektoren $\vec{a}$ und $\vec{b}$ ist ein Vektor mit folgenden Eigenschaften:

1) $\vec{a} \times \vec{b}$ steht sowohl auf $\vec{a}$ als auch auf $\vec{b}$ normal.
2) Der Betrag des vektoriellen Produkts $|\vec{a} \times \vec{b}|$ gibt den Flächeninhalt des Parallelogramms an, das von den beiden Vektoren $\vec{a}$ und $\vec{b}$ aufgespannt wird.

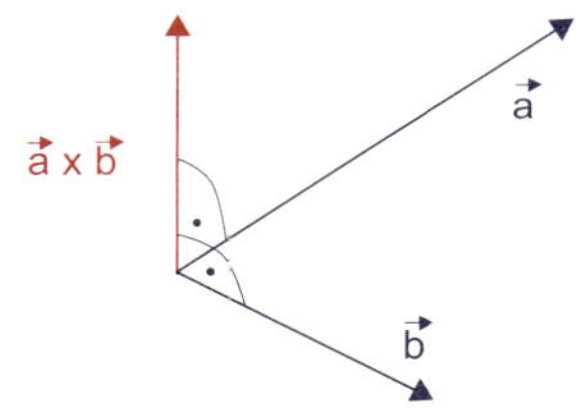

Anmerkung: Das vektorielle Produkt wird auch Vektorprodukt oder Kreuzprodukt bezeichnet.

Um die Koordinaten des Vektorprodukts $\vec{a} \times \vec{b}$ der Vektoren $\vec{a} = \begin{pmatrix} x_a \\ y_a \\ z_a \end{pmatrix}$, $\vec{b} = \begin{pmatrix} x_b \\ y_b \\ z_b \end{pmatrix}$ zu berechnen,

verwendet man jeweils die Orthogonalitätsbedingungen $(\vec{a} \times \vec{b}) \cdot \vec{a} = 0$ bzw. $(\vec{a} \times \vec{b}) \cdot \vec{b} = 0$

Man erhält als Koordinaten: $\vec{a} \times \vec{b} = \begin{pmatrix} y_a \cdot z_b - y_b \cdot z_a \\ -(x_a \cdot z_b - x_b \cdot z_a) \\ x_a \cdot y_b - x_b \cdot y_a \end{pmatrix}$

Diese Formel kann man sich wesentlich leichter merken, wenn man den Begriff Determinante verwendet.

Unter einer zweireihigen **Determinante** versteht man die Anordnung von vier Zahlen in einem quadratischen Zahlenschema. Der Wert der Determinante ergibt sich aus dem Produkt der Zahlen in der Hauptdiagonale minus dem Produkt der Zahlen in der Nebendiagonalen.

$$D = \begin{vmatrix} a & b \\ c & d \end{vmatrix} = a \cdot d - b \cdot c$$

Hauptdiagonale

Nebendiagonale

z. B.: $D = \begin{vmatrix} -3 & 2 \\ 4 & 5 \end{vmatrix} = (-3) \cdot 5 - 2 \cdot 4 = -15 - 8 = -23$

Für die Berechnung des Vektorprodukts kann man Determinanten verwenden.

$\vec{a} \times \vec{b} = \begin{pmatrix} x_a \\ y_a \\ z_a \end{pmatrix} \times \begin{pmatrix} x_b \\ y_b \\ z_b \end{pmatrix}$

Um die Koordination zu berechnen, „streiche" die jeweilige Zeile, es entsteht eine Determinante. Der Wert ist die entsprechende Koordinate. Beachte das negative Vorzeichen vor der y-Koordinate.

$$n_x = \begin{vmatrix} y_a & y_b \\ z_a & z_b \end{vmatrix} = y_a \cdot z_b - y_b \cdot z_a$$

$$n_y = -\begin{vmatrix} x_a & x_b \\ z_a & z_b \end{vmatrix} = -(x_a \cdot z_b - x_b \cdot z_a) \qquad \vec{a} \times \vec{b} = \begin{pmatrix} n_x \\ n_y \\ n_z \end{pmatrix}$$

$$n_z = \begin{vmatrix} x_a & x_b \\ y_a & y_b \end{vmatrix} = x_a \cdot y_b - x_b \cdot y_a$$

Berechne das vektorielle Produkt der beiden Vektoren $\vec{a} = \begin{pmatrix} 2 \\ -1 \\ 3 \end{pmatrix}$, $\vec{b} = \begin{pmatrix} 5 \\ 6 \\ -2 \end{pmatrix}$!

Gib den Flächeninhalt des von den beiden Vektoren aufgespannten Parallelogramms an!

$$\vec{a} \times \vec{b} = \begin{pmatrix} 2 \\ -1 \\ 3 \end{pmatrix} \times \begin{pmatrix} 5 \\ 6 \\ -2 \end{pmatrix}$$

$$n_x = \begin{vmatrix} -1 & 6 \\ 3 & -2 \end{vmatrix} = (-1) \cdot (-2) - 6 \cdot 3 = -16$$

$$n_y = -\begin{vmatrix} 2 & 5 \\ 3 & -2 \end{vmatrix} = -[2 \cdot (-2) - 5 \cdot 3] = 19 \quad \vec{a} \times \vec{b} = \begin{pmatrix} -16 \\ 19 \\ 17 \end{pmatrix}$$

$$n_z = \begin{vmatrix} 2 & 5 \\ -1 & 6 \end{vmatrix} = 2 \cdot 6 - 5 \cdot (-1) = 17$$

$A = |\vec{a} \times \vec{b}|$ Betrag des Vektorprodukts gibt den Flächeninhalt an.
$A = \sqrt{(-16)^2 + 19^2 + 17^2} = \sqrt{906} = 30{,}09..$
$A = 30$ FE Da keine Einheit angegeben wurde, schreibt man FE (Flächeneinheiten).

Beachte: Mit Hilfe des Vektorprodukts lassen sich auch Flächeninhalte in der Ebene berechnen.

Berechne den Flächeninhalt des Dreiecks ABC [A(–2/1), B(5/–3), C(2/5)]!

$$\overrightarrow{AB} = \begin{pmatrix} 7 \\ -4 \\ 0 \end{pmatrix} \quad \overrightarrow{AC} = \begin{pmatrix} 4 \\ 4 \\ 0 \end{pmatrix}$$

Man kann $\overrightarrow{AB}$ bzw. $\overrightarrow{AC}$ als Vektoren im $\mathbb{R}^3$ mit $z = 0$ darstellen.

$$\overrightarrow{AB} \times \overrightarrow{AC} = \begin{pmatrix} 7 \\ -4 \\ 0 \end{pmatrix} \times \begin{pmatrix} 4 \\ 4 \\ 0 \end{pmatrix} \quad n_x = \begin{vmatrix} -4 & 4 \\ 0 & 0 \end{vmatrix} = 0, \quad n_y = -\begin{vmatrix} 7 & 4 \\ 0 & 0 \end{vmatrix} = 0, \quad n_z = \begin{vmatrix} 7 & 4 \\ -4 & 4 \end{vmatrix} = 28 + 16 = 44$$

$A = \frac{1}{2} \cdot |\overrightarrow{AB} \times \overrightarrow{AC}|$

$A = \frac{1}{2} \cdot \sqrt{0^2 + 0^2 + 44^2} = \frac{1}{2} \cdot 44 = 22$

$A = 22$ FE

Anwendung des Vektorprodukts bei Körperberechnungen

Volumen des Parallelepipeds

Ein Parallelepiped ist ein schiefes Prisma mit sechs Parallelogrammen als Seitenflächen. Gegenüberliegende Seitenflächen sind kongruent.

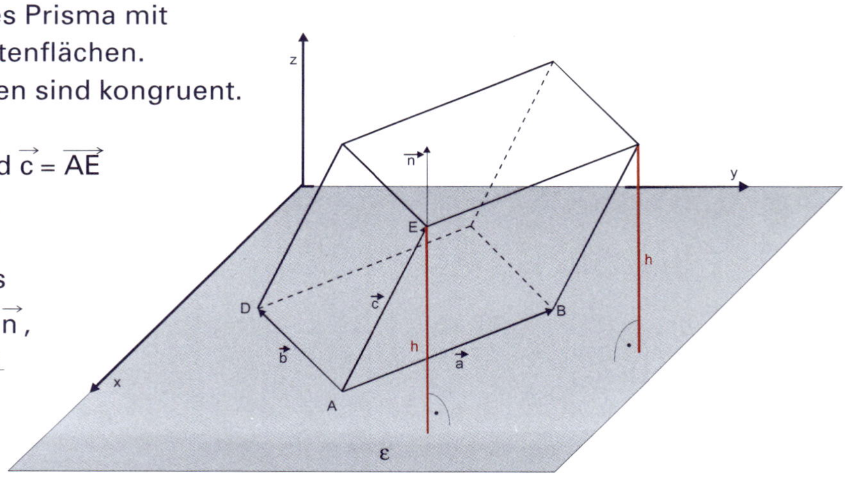

Die Vektoren $\vec{a} = \overrightarrow{AB}$, $\vec{b} = \overrightarrow{AD}$ und $\vec{c} = \overrightarrow{AE}$ spannen das Parallelepiped auf.

Die Höhe h ist die Projektion des Vektors $\vec{c}$ auf den Normalvektor $\vec{n}$, wobei $\vec{n} = \vec{a} \times \vec{b}$ ist: $h = \frac{\vec{c} \cdot (\vec{a} \times \vec{b})}{|\vec{a} \times \vec{b}|}$

$V = G \cdot h$	Volumsformel eines Prismas, einsetzen für $G = \lvert\vec{a} \times \vec{b}\rvert$ und h
$V = \lvert\vec{a} \times \vec{b}\rvert \cdot \frac{\vec{c} \cdot (\vec{a} \times \vec{b})}{\lvert\vec{a} \times \vec{b}\rvert}$	Kürzen durch $\lvert\vec{a} \times \vec{b}\rvert$
$V = \vec{c} \cdot (\vec{a} \times \vec{b})$	Da die Maßzahl des Volumens nur positiv sein kann, muss
$V = \lvert(\vec{a} \times \vec{b}) \cdot \vec{c}\rvert$	man in der Formel den Betrag nehmen.

Volumen eines Parallelepipeds, welches von den Vektoren $\vec{a}$, $\vec{b}$ und $\vec{c}$ aufgespannt wird.	$V = \lvert(\vec{a} \times \vec{b}) \cdot \vec{c}\rvert$
Volumen eines dreiseitigen Prismas, welches von den Vektoren $\vec{a}$, $\vec{b}$ und $\vec{c}$ aufgespannt wird.	$V = \frac{1}{2} \cdot \lvert(\vec{a} \times \vec{b}) \cdot \vec{c}\rvert$
Volumen einer Pyramide mit einem Parallelogramm als Grundfläche, die von den Vektoren $\vec{a}$, $\vec{b}$ und $\vec{c}$ (= Vektor von einem Eckpunkt zur Spitze) aufgespannt wird.	$V = \frac{1}{3} \cdot \lvert(\vec{a} \times \vec{b}) \cdot \vec{c}\rvert$
Volumen einer Pyramide mit einem Dreieck als Grundfläche, die von den Vektoren $\vec{a}$, $\vec{b}$ und $\vec{c}$ (= Vektor von einem Eckpunkt zur Spitze) aufgespannt wird.	$V = \frac{1}{6} \cdot \lvert(\vec{a} \times \vec{b}) \cdot \vec{c}\rvert$
Volumen eines Tetraeders (dreiseitige Pyramide, die von 4 Dreiecken begrenzt ist), das von den Vektoren $\vec{a}$, $\vec{b}$ und $\vec{c}$ (= Vektor von einem Eckpunkt zur Spitze) aufgespannt wird.	$V = \frac{1}{6} \cdot \lvert(\vec{a} \times \vec{b}) \cdot \vec{c}\rvert$

Berechne das Volumen einer Pyramide mit einem Parallelogramm ABCD [A(–2/1/4), B(5/1/7), C, D(2/4/8)] als Grundfläche und der Spitze S(8/5/4)!

$V = \frac{1}{3} \cdot \lvert(\vec{a} \times \vec{b}) \cdot \vec{c}\rvert \qquad \vec{a} = \overrightarrow{AB} = \begin{pmatrix} 7 \\ 0 \\ 3 \end{pmatrix}, \vec{b} = \overrightarrow{AD} = \begin{pmatrix} 4 \\ 3 \\ 4 \end{pmatrix}, \vec{c} = \overrightarrow{AS} = \begin{pmatrix} 10 \\ 4 \\ 0 \end{pmatrix}$

$\vec{a} \times \vec{b} = \begin{pmatrix} 7 \\ 0 \\ 3 \end{pmatrix} \times \begin{pmatrix} 4 \\ 3 \\ 4 \end{pmatrix} \quad n_x = \begin{vmatrix} 0 & 3 \\ 3 & 4 \end{vmatrix} = -9, \quad n_y = -\begin{vmatrix} 7 & 4 \\ 3 & 4 \end{vmatrix} = -16, \quad n_z = \begin{vmatrix} 7 & 4 \\ 0 & 3 \end{vmatrix} = 21 \quad \vec{a} \times \vec{b} = \begin{pmatrix} -9 \\ -16 \\ 21 \end{pmatrix}$

$(\vec{a} \times \vec{b}) \cdot \vec{c} = \begin{pmatrix} -9 \\ -16 \\ 21 \end{pmatrix} \cdot \begin{pmatrix} 10 \\ 4 \\ 0 \end{pmatrix} = -90 - 64 + 0 = -154$

$V = \frac{1}{3} \cdot \lvert -154 \rvert = \frac{154}{3} = 51{,}33..$

$V = 51{,}3$ VE VE … Volumseinheiten

Vektoren

1 Gegeben ist das Viereck ABCD [A(–4/3/6), B(3/–1/7), C(–5/–7/8), D(4/9/5)].

a) Gib die Koordinaten des Vektors der Diagonalen an und berechne jeweils die Länge!
b) Berechne den Umfang des Vierecks!

---

2 Überprüfe, ob das Dreieck ABC [A(4/7/8), B(1/5/7), C(6/4/8)] ein rechtwinkliges ist. Verwende dazu

a) die Orthogonalitätsbedingung
b) den pythagoreischen Lehrsatz!

---

3 Beweise, dass das Dreieck ABC [A(3/6/6), B(4/1/7), C(6/4/7)] ein rechtwinkliges ist. Gib die Längen der Hypotenusenabschnitte p und q und die Koordinaten des Fußpunkts der Höhe an!

---

4 Von einem Parallelogramm ABCD kennt man die Koordinaten der Punkte A(2/2/4), B(8/5/10) und D(5/–4/10). Bestimme die Koordinaten des fehlenden Eckpunkts und den Flächeninhalt!

---

5 Von einem Parallelogramm ABCD kennt man die Koordinaten der Punkte A(4/3/–1), B(–8/5/3) und D(–3/–2/7). Bestimme die Koordinaten des fehlenden Eckpunkts und den Flächeninhalt!

---

6 Von einem Parallelogramm ABCD kennt man die Koordinaten der Punkte A(–2/4/7), B(–8/9/0) und C(2/5/7).

a) Bestimme die Koordinaten des fehlenden Eckpunkts!
b) Berechne die Länge der Höhe h_a!
c) Gib den Flächeninhalt des Parallelogramms an!

---

7 Bestimme den Flächeninhalt des Dreiecks ABC [A(3/–2/3), B(2/5/4), C(–4/0/–5)]

---

8 Bestimme einen Normalvektor zu den Vektoren

a) $\vec{a} = \begin{pmatrix} 1 \\ 4 \\ 1 \end{pmatrix}, \vec{b} = \begin{pmatrix} -2 \\ -1 \\ 5 \end{pmatrix}$
b) $\vec{a} = \begin{pmatrix} -2 \\ 0 \\ 3 \end{pmatrix}, \vec{b} = \begin{pmatrix} 4 \\ 1 \\ -3 \end{pmatrix}$

---

9 Eine vierseitige Pyramide hat das Parallelogramm ABCD [A(–4/3/1), B(–2/–3/5), C, D(2/2/4)] als Grundfläche. Die Spitze S hat die Koordinaten S(3/–1/11). Berechne das Volumen!

---

10 Von einem Tetraeder ABCS kennt man A(0/3/3), B(6/11/3), C(–4/7/5), S(1/4/11). Berechne das Volumen und die Oberfläche!

---

11 Von einer quadratischen Pyramide ABCDS kennt man A(–1/12/9), B(11/16/3), C, D(3/18/21), S(13/5/16). Berechne das Volumen und die Oberfläche!

Geradengleichung im $\mathbb{R}^3$

Wie in der Ebene ist auch im Raum eine Gerade

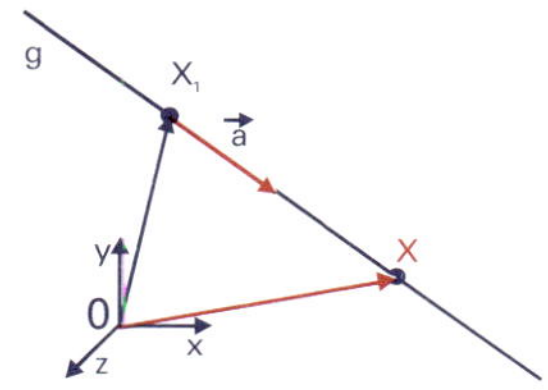

a) durch einen Punkt und einen Richtungsvektor $\vec{a}$ festgelegt.

$$X = X_1 + t \cdot \vec{a} \qquad t \in \mathbb{R}$$

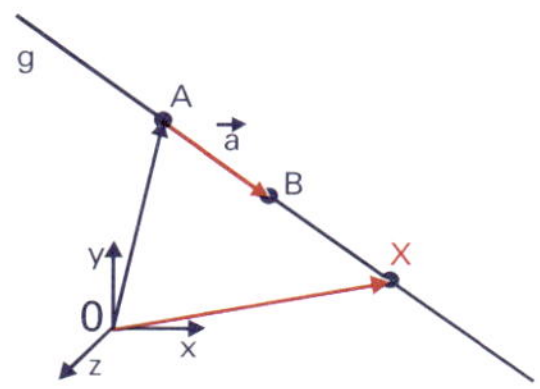

b) durch 2 Punkte A und B festgelegt

$$X = A + t \cdot \overrightarrow{AB} \qquad t \in \mathbb{R}$$

Bestimme die Gerade durch die Punkte a) A(–2/3/5), B(1/2/–7) b) P(1/4/–3), Q(5/–2/1)

a) $\overrightarrow{AB} = \begin{pmatrix} 3 \\ -1 \\ -12 \end{pmatrix}$

$$X = \begin{pmatrix} -2 \\ 3 \\ 5 \end{pmatrix} + t \cdot \begin{pmatrix} 3 \\ -1 \\ -12 \end{pmatrix}$$

b) $\overrightarrow{PQ} = \begin{pmatrix} 4 \\ -6 \\ 4 \end{pmatrix} = 2 \cdot \begin{pmatrix} 2 \\ -3 \\ 2 \end{pmatrix}$

$$X = \begin{pmatrix} 1 \\ 4 \\ -3 \end{pmatrix} + t \cdot \begin{pmatrix} 2 \\ -3 \\ 2 \end{pmatrix}$$

Da es nur auf die Richtung ankommt (Richtungsvektor), kann man den „gekürzten" Vektor nehmen.

Lagebeziehung von Geraden im Raum

Zwei Geraden im Raum können folgende Lagebeziehung haben:

(1) schneidend

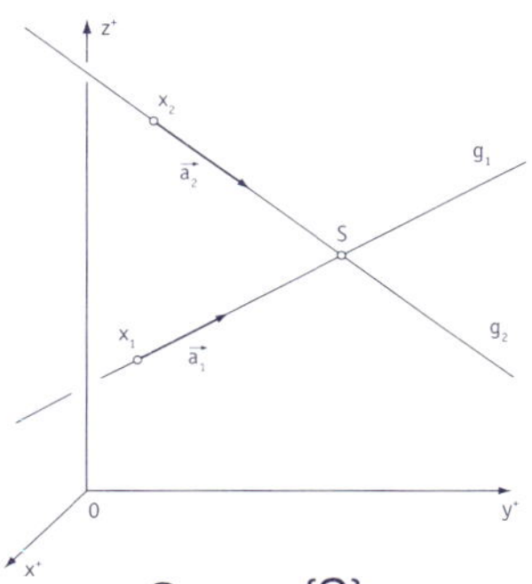

$g_1 \cap g_2 = \{S\}$

$\vec{a_1} \nparallel \vec{a_2} \Rightarrow \vec{a_2} \neq c \cdot \vec{a_1}$

(2) windschief (kreuzend)

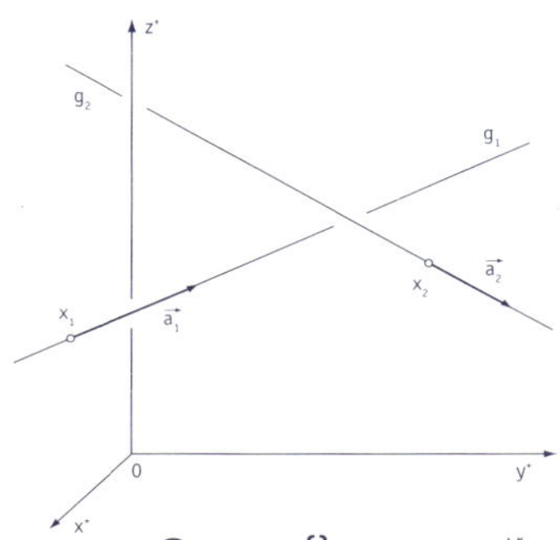

$g_1 \cap g_2 = \{\}$ $\qquad g_1 \nparallel g_2$

$\vec{a_1} \nparallel \vec{a_2} \Rightarrow \vec{a_2} \neq c \cdot \vec{a_1}$

(3) parallel

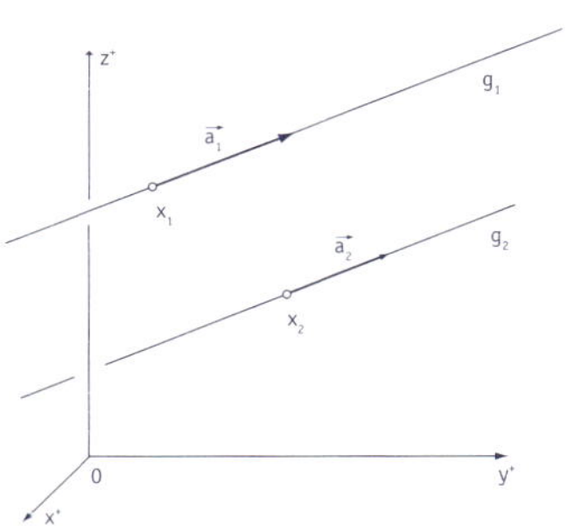

$g_1 \cap g_2 = \{\}, \; g_1 \parallel g_2$

$\vec{a_1} \parallel \vec{a_2} \Rightarrow \vec{a_2} = c \cdot \vec{a_1}$

(4) zusammenfallend

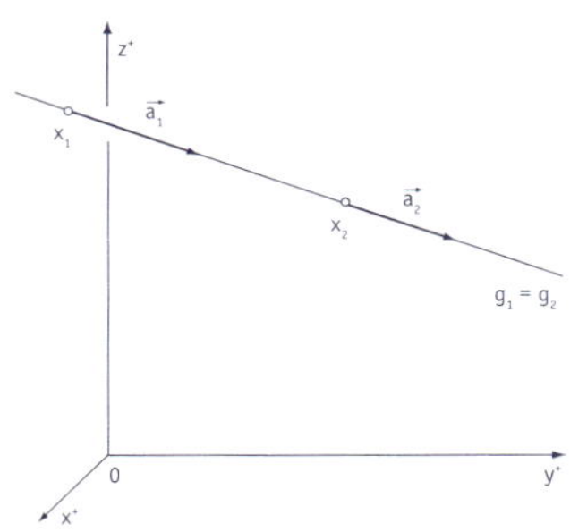

$g_1 \cap g_2 = g_1 = g_2$

$g_1 \equiv g_2$

$\vec{a_1} \parallel \vec{a_2} \Rightarrow \vec{a_2} = c \cdot \vec{a_1}$

Bestimme die Lagebeziehung der gegebenen Geraden g und h!

a) $g: X = \begin{pmatrix} 5 \\ 5 \\ 0 \end{pmatrix} + s \cdot \begin{pmatrix} -1 \\ 0 \\ 7 \end{pmatrix}$, $h: X = \begin{pmatrix} 4 \\ 5 \\ 7 \end{pmatrix} + t \cdot \begin{pmatrix} 3 \\ -4 \\ -6 \end{pmatrix}$

Da die beiden Richtungsvektoren nicht proportional sind, können die Geraden nur zueinander schneidend oder windschief sein.

$5 - s = 4 + 3t$
$5 = 5 - 4t$
$7s = 7 - 6t$

Überprüfen, ob es einen Schnittpunkt S gibt! Die Koordinaten von S müssen beide Geradengleichungen erfüllen. Man setzt also die x-, y- und die z-Koordinaten gleich.

I $\quad -s - 3t = -1$
II $\quad 4t = 0$
III $\quad 7s + 6t = 7$

Man erhält ein Gleichungssystem aus 3 Gleichungen mit 3 Variablen. Aus II kann man t sofort angeben, aus I s ausrechnen. s und t werden in III eingesetzt, um die Eindeutigkeit zu überprüfen.

aus II: $t = 0$
aus I: $s = 1$

Einsetzen in III: $7 \cdot 1 + 6 \cdot 0 = 7$ w. A.

Die Parameter s und t erfüllen alle 3 Gleichungen → es gibt einen eindeutigen Schnittpunkt.

$h: X = \begin{pmatrix} 4 \\ 5 \\ 7 \end{pmatrix} + t \cdot \begin{pmatrix} 3 \\ -4 \\ -6 \end{pmatrix}$ Einsetzen in eine der beiden Geradengleichungen, um die Koordinaten des Schnittpunkts zu bestimmen.

$t = 0 \rightarrow S(4/5/7)$ Man hätte auch s in die Gerade g einsetzen können.

b) $g: X = \begin{pmatrix} 3 \\ -1 \\ 2 \end{pmatrix} + s \cdot \begin{pmatrix} -2 \\ 1 \\ 5 \end{pmatrix}$, $h: X = \begin{pmatrix} 2 \\ -5 \\ -3 \end{pmatrix} + t \cdot \begin{pmatrix} 4 \\ -2 \\ -10 \end{pmatrix}$

Die beiden Richtungsvektoren sind proportional.

$\begin{pmatrix} 4 \\ -2 \\ -10 \end{pmatrix} = 2 \cdot \begin{pmatrix} -2 \\ 1 \\ 5 \end{pmatrix}$ Die Geraden können nur zueinander parallel sein oder zusammenfallen. Wenn die Geraden ident sind, dann muss der Punkt X_1 der Geraden g auf der Geraden h liegen.

$X_1(3/-1/2) \in h$?

$3 = 2 + 4t \quad \rightarrow t = \frac{1}{4}$
$-1 = -5 - 2t \quad \rightarrow t = -2$
$2 = -3 - 10t \quad \rightarrow t = -\frac{1}{2}$

Man erhält verschiedene Parameterwerte für X_1, d. h. $X_1 \notin h \rightarrow g \parallel h$

c) $g: X = \begin{pmatrix} -2 \\ 2 \\ -3 \end{pmatrix} + s \cdot \begin{pmatrix} 5 \\ 2 \\ 4 \end{pmatrix}$, $h: X = \begin{pmatrix} 2 \\ 3 \\ -3 \end{pmatrix} + t \cdot \begin{pmatrix} 2 \\ -1 \\ -1 \end{pmatrix}$

Da die beiden Richtungsvektoren nicht proportional sind, können die Geraden nur zueinander schneidend oder windschief sein.

$-2 + 5s = 2 + 2t$
$2 + 2s = 3 - t$
$-3 + 4s = -3 - t$

Überprüfen, ob es einen Schnittpunkt S gibt! Gleichsetzen der x-, y- und z-Koordinaten.

$$\begin{array}{ll} \text{I} & 5s - 2t = 4 \\ \text{II} & 2s + t = 1 \\ \text{III} & 4s + t = 0 \end{array}$$

Aus I und II werden die Parameterwerte s und t errechnet.

$$\begin{array}{lll} \text{I} & 5s - 2t = 4 & \\ \text{II} & 2s + t = 1 & | \cdot 2 \\ & 5s - 2t = 4 & \\ & 4s + 2t = 2 & + \\ & 9s = 6 & |:9 \\ & s = \frac{6}{9} = \frac{2}{3} & \end{array}$$

Aus II: $2 \cdot \frac{2}{3} + t = 1 \quad | - \frac{4}{3}$

$t = -\frac{1}{3}$

Einsetzen in III: $4 \cdot \frac{2}{3} + (-\frac{1}{3}) = 0$

$\frac{8}{3} - \frac{1}{3} = 0$ f. A.

Die Parameter s und t erfüllen nicht alle 3 Gleichungen, es gibt daher keinen Schnittpunkt. Die Geraden g und h liegen zueinander windschief.

Ebenengleichung

Jeder Punkt X der Ebene ε lässt sich durch eine Addition von Vektoren darstellen.

$$\overrightarrow{0X} = \overrightarrow{0X_1} + \overrightarrow{X_1X}$$

$$\boxed{X = X_1 + s \cdot \vec{a} + t \cdot \vec{b} \qquad s, t \in \mathbb{R}}$$

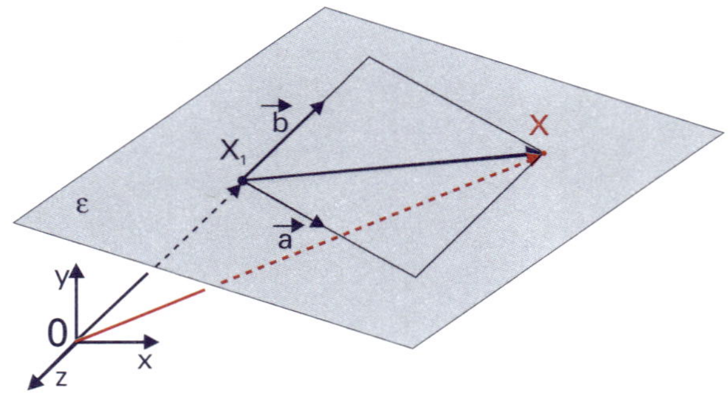

Parameterdarstellung einer Ebene

s, t … Parameter

$\vec{a}, \vec{b}$ … Richtungsvektoren ($\vec{a} \nparallel \vec{b}$)

Eine Ebene ist auch durch 3 Punkte A, B und C festgelegt, wobei zum Beispiel $X_1 = A$ genommen werden kann und für die Richtungsvektoren $\vec{a} = \overrightarrow{AB}$ bzw. $\vec{b} = \overrightarrow{AC}$

Gib die Parameterdarstellung der Ebene ε an, die durch das Δ ABC [A(1/2/–3), B(–4/2/1), C(–3/–1/5)] festgelegt wird!

$$\overrightarrow{AB} = \begin{pmatrix} -5 \\ 0 \\ 4 \end{pmatrix}, \quad \overrightarrow{AC} = \begin{pmatrix} -4 \\ -3 \\ 8 \end{pmatrix} \qquad \varepsilon\colon\ X = \begin{pmatrix} 1 \\ 2 \\ -3 \end{pmatrix} + s \cdot \begin{pmatrix} -5 \\ 0 \\ 4 \end{pmatrix} + t \cdot \begin{pmatrix} -4 \\ -3 \\ 8 \end{pmatrix}$$

Eine Ebene kann auch durch 2 einander schneidende Geraden bzw. durch 2 parallele Geraden festgelegt werden. Vergleiche die beiden Skizzen. Man kann immer 3 Punkte finden, die in der Ebene liegen.

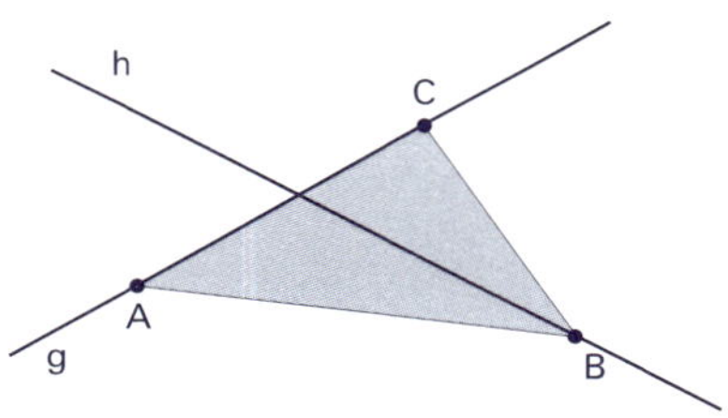

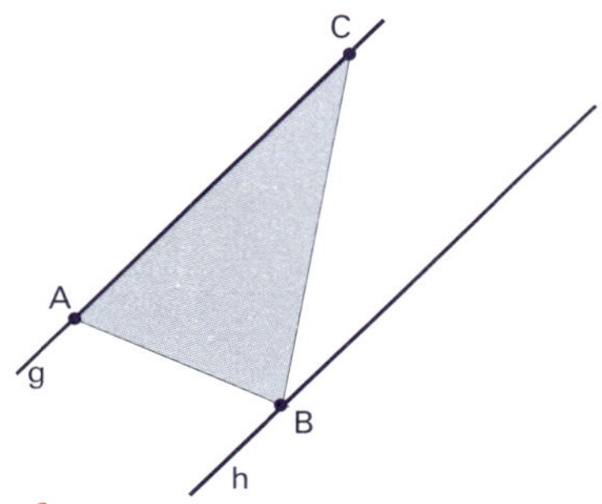

Parameterfreie Form der Ebenengleichung – Normalvektorform

Stelle die Gleichung der Ebene $X = \begin{pmatrix} 2 \\ -3 \\ 1 \end{pmatrix} + s \cdot \begin{pmatrix} -1 \\ 0 \\ 2 \end{pmatrix} + t \cdot \begin{pmatrix} 1 \\ 2 \\ -1 \end{pmatrix}$ in parameterfreier Form dar!

$$\begin{array}{llr}
\text{I} & x = 2 - s + t & | \cdot 2 \\
\text{II} & y = -3 + 0s + 2t & \\
\text{III} & z = 1 + 2s - t & \\
\hline
 & 2x = 4 - 2s + 2t & \\
 & z = 1 + 2s - t & + \\
\hline
\text{I}_1 & 2x + z = 5 + t & | \cdot (-2) \\
\text{II} & y = -3 + 2t & \\
\hline
 & -4x - 2z = -10 - 2t & \\
 & y = -3 + 2t & + \\
\hline
 & -4x + y - 2z = -13 & | \cdot (-1) \\
 & 4x - y + 2z = 13 &
\end{array}$$

Bilde die Koordinatenform und eliminiere schrittweise die Parameter!

Aus I und III wird s eliminiert

Aus I_1 und II wird t eliminiert

Man erhält eine lineare Gleichung in 3 Variablen der Form ax + by + cz = d.

$4x - y + 2z = 13$ parameterfreie Form der Ebenengleichung

Diese lässt sich auch mit Hilfe des skalaren Produkts darstellen.

$$\begin{pmatrix} 4 \\ -1 \\ 2 \end{pmatrix} \cdot \begin{pmatrix} x \\ y \\ z \end{pmatrix} = 13 \quad \text{bzw.} \quad \begin{pmatrix} 4 \\ -1 \\ 2 \end{pmatrix} \cdot X = 13$$

Diese Form der Ebenengleichung wird als Normalvektorform bezeichnet, da der Vektor $\begin{pmatrix} 4 \\ -1 \\ 2 \end{pmatrix}$ ein Normalvektor auf die Ebene ε ist. Es gilt:

$$\begin{pmatrix} 4 \\ -1 \\ 2 \end{pmatrix} \cdot \begin{pmatrix} -1 \\ 0 \\ 2 \end{pmatrix} = -4 + 0 + 4 = 0 \qquad \begin{pmatrix} 4 \\ -1 \\ 2 \end{pmatrix} \cdot \begin{pmatrix} 1 \\ 2 \\ -1 \end{pmatrix} = 4 - 2 - 2 = 0$$

Da es sich bei den Koeffizienten a, b und c in der parameterfreien Form der Ebenengleichung um die Koordinaten eines Normalvektors handelt, kann man die obige Aufgabe auch so lösen:

$$\varepsilon\colon X = \begin{pmatrix} 2 \\ -3 \\ 1 \end{pmatrix} + s \cdot \begin{pmatrix} -1 \\ 0 \\ 2 \end{pmatrix} + t \cdot \begin{pmatrix} 1 \\ 2 \\ 1 \end{pmatrix}$$

Verwandeln in eine parameterfreie Form. (Normalvektorform)

Bestimmung eines Normalvektors mit Hilfe des Vektorprodukts der beiden Richtungsvektoren

$$\vec{n} = \begin{pmatrix} -1 \\ 0 \\ 2 \end{pmatrix} \times \begin{pmatrix} 1 \\ 2 \\ -1 \end{pmatrix} \quad n_x = \begin{vmatrix} 0 & 2 \\ 2 & -1 \end{vmatrix} = -4, \quad n_y = -\begin{vmatrix} -1 & 1 \\ 2 & -1 \end{vmatrix} = -(-1) = 1, \quad n_z = \begin{vmatrix} -1 & 1 \\ 0 & 2 \end{vmatrix} = -2$$

parameterfreie Form: $ax + by + cz = d$

$-4x + 1y - 2z = d$

Um die Konstante d zu errechnen, setzt man den gegebenen Punkt der Ebene ein.

$$\begin{pmatrix} 2 \\ -3 \\ 1 \end{pmatrix} \in \varepsilon \qquad \begin{aligned} -4 \cdot 2 + 1 \cdot (-3) - 2 \cdot 1 &= d \\ -8 - 3 - 2 &= d \\ -13 &= d \end{aligned}$$

$\varepsilon\colon -4x + 1y - 2z = -13$ oder $4x - y + 2z = 13$ Normalvektorform der Ebene

Gib die Normalvektorform der Gleichung der Ebene ε an, die durch die Punkte A(–1/3/5), B(2/1/3), C(–4/2/1) verläuft.

Berechnung von 2 Richtungsvektoren: $\overrightarrow{AB} = \begin{pmatrix} 3 \\ -2 \\ -2 \end{pmatrix}, \overrightarrow{AC} = \begin{pmatrix} -3 \\ -1 \\ -4 \end{pmatrix}$

Berechnung eines Normalvektors:

$$\vec{n} = \begin{pmatrix} 3 \\ -2 \\ -2 \end{pmatrix} \times \begin{pmatrix} -3 \\ -1 \\ -4 \end{pmatrix} \quad n_x = \begin{vmatrix} -2 & -1 \\ -2 & -4 \end{vmatrix} = 6, \quad n_y = -\begin{vmatrix} 3 & -3 \\ -2 & -4 \end{vmatrix} = -(-18) = 18, \quad n_z = \begin{vmatrix} 3 & -3 \\ -2 & -1 \end{vmatrix} = -9$$

$$\vec{n} = \begin{pmatrix} 6 \\ 18 \\ -9 \end{pmatrix} = 3 \cdot \begin{pmatrix} 2 \\ 6 \\ -3 \end{pmatrix}$$

Da es auf die Länge nicht ankommt, kann man den vereinfachten Normalvektor für die Ebenengleichung nehmen.

ε: $2x + 6y - 3z = d$ Einsetzen eines Punktes der Ebene z. B. A

$2 \cdot (-1) + 6 \cdot 3 - 3 \cdot 5 = d$

$d = 1$

ε: $2x + 6y - 3z = 1$

Lagebeziehung zwischen einer Ebene ε und einer Geraden g

g schneidet die Ebene ε

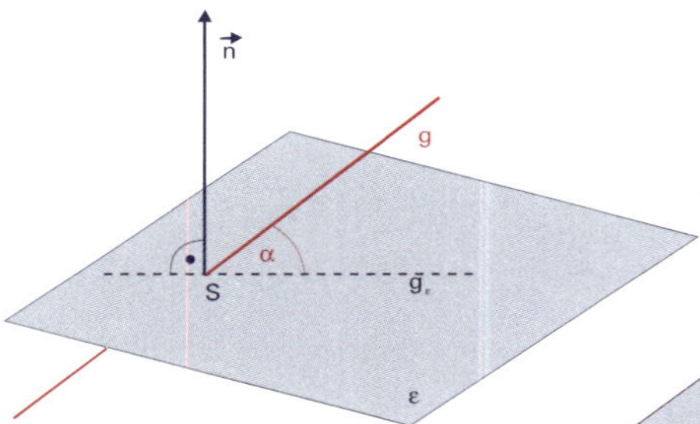

$g \cap \varepsilon = \{S\}$

g liegt parallel zu ε

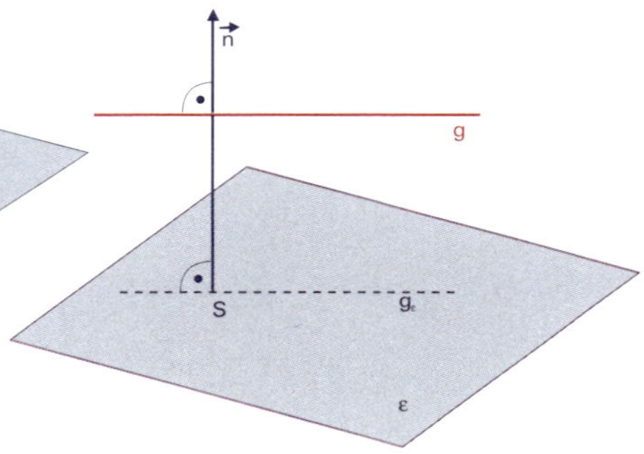

g liegt in ε

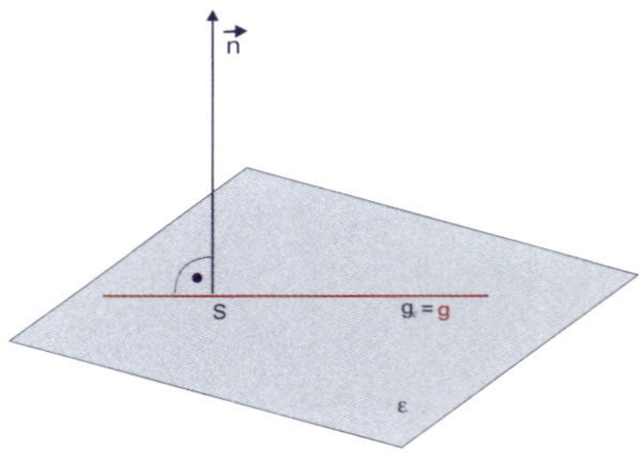

Richtungsvektor der Geraden und der Normalvektor der Ebene bilden einen rechten Winkel.

g liegt parallel zu ε: $\vec{a} \cdot \vec{n} = 0$, $X \in g$ und $X \notin \varepsilon$

g liegt in ε: $\vec{a} \cdot \vec{n} = 0$, $X \in g$ und $X \in \varepsilon$

Unter welchem Winkel schneidet die Gerade $X = \begin{pmatrix} 1 \\ -1 \\ -6 \end{pmatrix} + t \cdot \begin{pmatrix} 3 \\ 1 \\ 1 \end{pmatrix}$ die Ebene ε: $x + 4y - 2z = -1$?

Die Koordinaten des Schnittpunkts (x/y/z) müssen sowohl die Geradengleichung wie auch die Ebenengleichung erfüllen. Daraus folgt:

Einsetzen in die Geradengleichung

$x = 1 + 3t$

$y = -1 + t$

$z = -6 + t$

Einsetzen in die Ebenengleichung, um den Parameter t zu errechnen.

$(1 + 3t) + 4(-1 + t) -2(-6 + t) = -1$

$1 + 3t - 4 + 4t + 12 -2t = -1$

$5t = -10$

$t = -2$

Einsetzen von t in die Geradengleichung

$x = 1 + (-2) \cdot 3 = -5$

$y = -1 - 2 = -3$

$z = -6 - 2 = -8$ S(–5/–3/–8)

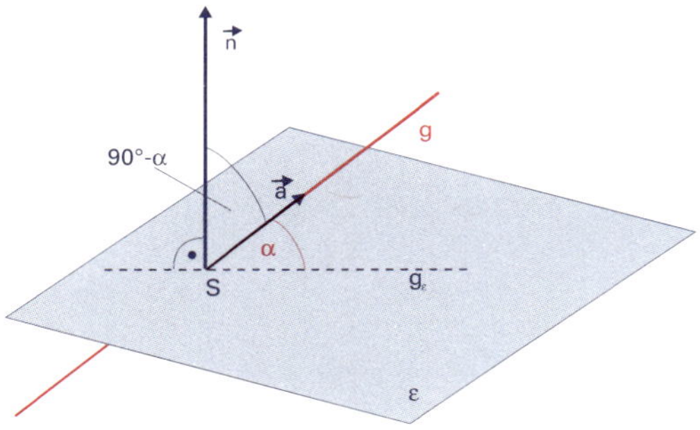

Der Winkel, den die Gerade g mit der Ebene ε einschließt, ist der Komplementärwinkel, der vom Normalvektor der Ebene und dem Richtungsvektor der Geraden eingeschlossen wird.

$\cos \varphi = \frac{\vec{a} \cdot \vec{b}}{|\vec{a}| \cdot |\vec{b}|}$ Berechnung mit Hilfe der Formel

$\vec{a} = \begin{pmatrix} 3 \\ 1 \\ 1 \end{pmatrix}$ ... Richtungsvektor der Geraden $|\vec{a}| = \sqrt{9 + 1 + 1} = \sqrt{11}$

$\vec{b} = \begin{pmatrix} 1 \\ 4 \\ -2 \end{pmatrix}$ ... Normalvektor der Ebene $|\vec{b}| = \sqrt{1 + 16 + 4} = \sqrt{21}$

$\vec{a} \cdot \vec{b} = 3 + 4 - 2 = 5$

$\cos \varphi = \frac{5}{\sqrt{11} \cdot \sqrt{21}}$ $\varphi = 70{,}79..°$

$\alpha = 90° - \varphi$ Berechnung des Komplementärwinkels

$\alpha = 19{,}206..$

$\alpha = 19{,}21°$

Bestimme die Lage der Geraden g: $X = \begin{pmatrix} 2 \\ 3 \\ 1 \end{pmatrix} + t \cdot \begin{pmatrix} 1 \\ -2 \\ 3 \end{pmatrix}$ zur Ebene ε: $-x + 2y - 3z = 5$!

Vergleiche den Richtungsvektor der Geraden mit dem Normalvektor der Ebene!

$\vec{a} = \begin{pmatrix} 1 \\ -2 \\ 3 \end{pmatrix}$, $\vec{n} = \begin{pmatrix} -1 \\ 2 \\ -3 \end{pmatrix}$ Die Vektoren sind proportional $\rightarrow \vec{a} \parallel \vec{n}$

g und ε liegen zueinander parallel oder g liegt in der Ebene.

Überprüfen, ob der gegebene Punkt der Geraden in der Ebene liegt:

$-x + 2y - 3z = 5$ Einsetzen der Koordinaten des Punktes X_1 in die Ebenengleichung.

$-2 + 2 \cdot 3 - 3 \cdot 1 = 5$

$1 = 5$ f. A. $X_1 \notin \varepsilon \rightarrow g \parallel \varepsilon$

Lagebeziehung von zwei Ebenen

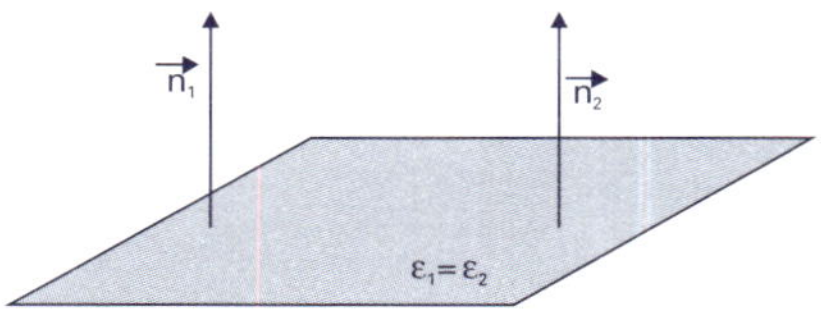

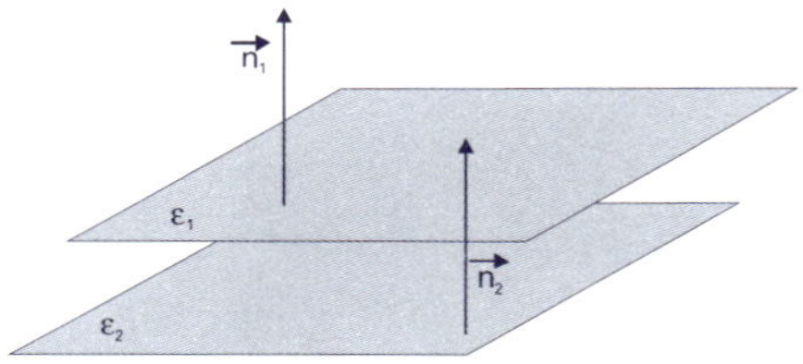

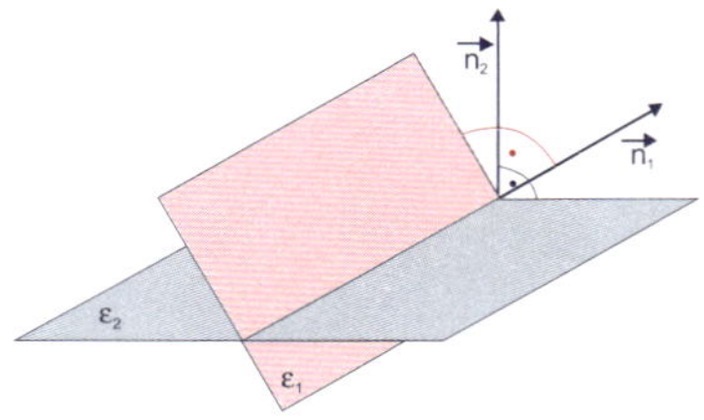

Ebenen sind ident $\varepsilon_1 \cap \varepsilon_2 = \varepsilon_1 = \varepsilon_2$	Ebenen liegen parallel $\varepsilon_1 \cap \varepsilon_2 = \{\,\}$	Ebenen schneiden einander $\varepsilon_1 \cap \varepsilon_2 = g$
$\vec{n_1}$ und $\vec{n_2}$ sind proportional $\vec{n_1} \parallel \vec{n_2}$ Jeder beliebige Punkt von ε_1 liegt auch auf ε_2	$\vec{n_1}$ und $\vec{n_2}$ sind proportional $\vec{n_1} \parallel \vec{n_2}$ Jeder beliebige Punkt von ε_1 liegt nicht auf ε_2	$\vec{n_1}$ und $\vec{n_2}$ sind nicht proportional $\vec{n_1} \nparallel \vec{n_2}$

Die Bestimmung der Lagebeziehung von 2 Ebenen läuft auf das Lösen eines Gleichungssystems von 2 linearen Gleichungen mit 3 Variablen hinaus. (Vergleiche das entsprechende Kapitel Seite 50!)

Bestimme die Lagebeziehung der Ebenen!

ε_1: $2x + 3y - 2z = 5$

ε_2: $x - 3y - 4z = 1$

Für z wird der Parameter $t \in \mathbb{R}$ gesetzt.

$$\begin{array}{lrcl}
\text{I} & 2x + 3y &=& 5 + 2t \\
\text{II} & x - 3y &=& 1 + 4t \\ \hline
 & 3x &=& 6 + 6t \quad |:3 \\
 & x &=& 2 + 2t
\end{array}$$

Lösen des Gleichungssystems (I + II)

aus II

$$2 + 2t - 3y = 1 + 4t$$
$$-3y = -1 + 2t \qquad |:(-3)$$
$$y = \frac{1}{3} - \frac{2}{3}t$$

Die Lösung des Gleichungssystems stellt eine Gerade im Raum dar:

$x = 2 + 2t$

$y = \frac{1}{3} - \frac{2}{3}$

$z = t$

Diese Gerade kann auch in Parameterdarstellung angegeben werden.
$$X = \begin{pmatrix} 2 \\ \frac{1}{3} \\ 0 \end{pmatrix} + t \cdot \begin{pmatrix} 2 \\ -\frac{2}{3} \\ 1 \end{pmatrix}$$

Die beiden Ebenen schneiden einander in einer Geraden.

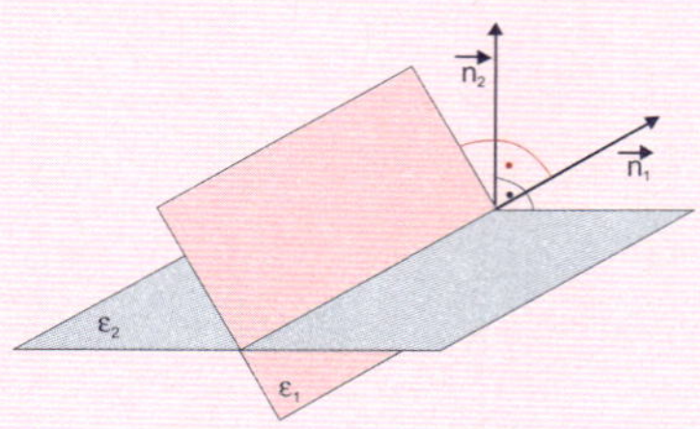

Bestimme den Winkel φ, den die beiden Ebenen miteinander einschließen.
Um den Winkel φ zu errechnen, muss man den Winkel zwischen den entsprechenden Normalvektoren berechnen.

$$\cos\varphi = \frac{\vec{a} \cdot \vec{b}}{|\vec{a}| \cdot |\vec{b}|} \qquad \vec{n_1} = \begin{pmatrix} 2 \\ 3 \\ -2 \end{pmatrix},\ \vec{n_2} = \begin{pmatrix} 1 \\ -3 \\ -4 \end{pmatrix} \qquad \vec{n_1} \cdot \vec{n_2} = 2 - 9 + 8 = 1$$

$$|\vec{n_1}| = \sqrt{4 + 9 + 4} = \sqrt{17},\ |\vec{n_2}| = \sqrt{1 + 9 + 16} = \sqrt{26}$$

$$\cos\varphi = \frac{1}{\sqrt{17} \cdot \sqrt{26}} \rightarrow \varphi = 87{,}273..$$

$$\varphi = 87{,}27°$$

Geradengleichung – Ebenengleichung

1 Gegeben ist das Dreieck ABC [A(–2/1/4), B(4/6/–1), C(1/5/3)]. Gib die Gleichung der Trägergeraden der Seiten des Dreiecks an!

2 Bestimme die Lagebeziehung der gegebenen Geraden g und h!

a) g: $X = \begin{pmatrix} 2 \\ 4 \\ -1{,}25 \end{pmatrix} + s \cdot \begin{pmatrix} 0 \\ 1 \\ -5 \end{pmatrix}$ h: $X = \begin{pmatrix} 1 \\ 4 \\ 7 \end{pmatrix} + t \cdot \begin{pmatrix} -4 \\ 5 \\ 8 \end{pmatrix}$

b) g: $X = \begin{pmatrix} 1 \\ 2 \\ 7 \end{pmatrix} + s \cdot \begin{pmatrix} -3 \\ 4 \\ 9 \end{pmatrix}$ h: $X = \begin{pmatrix} -4 \\ 8 \\ 20 \end{pmatrix} + t \cdot \begin{pmatrix} 3 \\ -4 \\ 9 \end{pmatrix}$

c) g: $X = \begin{pmatrix} -9 \\ 8 \\ -11 \end{pmatrix} + s \cdot \begin{pmatrix} 1 \\ -2 \\ 6 \end{pmatrix}$ h: $X = \begin{pmatrix} -5 \\ 2 \\ -3 \end{pmatrix} + t \cdot \begin{pmatrix} -2 \\ 4 \\ -12 \end{pmatrix}$

d) g: $X = \begin{pmatrix} -2 \\ 4 \\ 0 \end{pmatrix} + s \cdot \begin{pmatrix} 1 \\ 0 \\ -7 \end{pmatrix}$ h: $X = \begin{pmatrix} 2 \\ 5 \\ 0 \end{pmatrix} + t \cdot \begin{pmatrix} -2 \\ 0 \\ 14 \end{pmatrix}$

3 Berechne den Schnittpunkt der beiden Geraden g und h!

g: $X = \begin{pmatrix} 3 \\ 4 \\ -7 \end{pmatrix} + s \cdot \begin{pmatrix} -11 \\ 7 \\ 12 \end{pmatrix}$ h: $X = \begin{pmatrix} -8 \\ 11 \\ 5 \end{pmatrix} + t \cdot \begin{pmatrix} 5 \\ -7 \\ -6 \end{pmatrix}$

Welchen Winkel schließen die beiden Geraden ein?

4 Gib die Gleichung der Ebene **a)** in Parameterform **b)** in Normalvektorform an, die durch die Punkte A(3/0/12), B(–6/2/15) und C(9/6/11) gegeben ist!

5 Gib die Gleichung der Ebene **a)** in Parameterform **b)** in Normalvektorform an, die durch die Punkte P(–1/2/3), Q(4/2/–1) und R(2/–4/3) gegeben ist!

6 Gegeben sind die einander schneidenden Geraden g und h.

g: $X = \begin{pmatrix} 1 \\ -2 \\ 3 \end{pmatrix} + s \cdot \begin{pmatrix} -1 \\ 4 \\ 2 \end{pmatrix}$ h: $X = \begin{pmatrix} 1 \\ -2 \\ 3 \end{pmatrix} + t \cdot \begin{pmatrix} 2 \\ 1 \\ -3 \end{pmatrix}$

Gib die Gleichung der Ebene an, die von den Geraden g und h aufgespannt wird!

7 Gegeben sind die parallelen Geraden g und h.

$g\colon\ X = \begin{pmatrix} 2 \\ 1 \\ 3 \end{pmatrix} + s \cdot \begin{pmatrix} 1 \\ -4 \\ 2 \end{pmatrix}$ $\quad$ $h\colon\ X = \begin{pmatrix} -1 \\ 2 \\ 5 \end{pmatrix} + t \cdot \begin{pmatrix} 1 \\ -4 \\ 2 \end{pmatrix}$

Gib die Gleichung der Ebene an, die von den Geraden g und h aufgespannt wird!

8 Überprüfe, ob der gegebene Punkt P in der Ebene ε liegt!

a) P(1/2/–3) $\quad \varepsilon\colon\ x - 2y + 3z = -12$

b) P(2/–1/5) $\quad \varepsilon\colon\ 2x + 3y - z = 4$

9 Bestimme die fehlende Koordinate des Punktes P so, dass dieser in der gegebenen Ebene ε liegt!

a) $P(2/y_P/3)$, $\quad \varepsilon\colon\ 2x - 3y + z = -14$

b) $P(x_P/1/-2)$, $\quad \varepsilon\colon\ x + 4y - 2z = 9$

c) $P(3/-2/z_P)$, $\quad \varepsilon\colon\ 3x + 2y + 4z = 21$

10 Gib die Ebene in Normalvektorform an!

a) $\varepsilon\colon\ X = \begin{pmatrix} 1 \\ 2 \\ -3 \end{pmatrix} + s \cdot \begin{pmatrix} 1 \\ -2 \\ 3 \end{pmatrix} + t \cdot \begin{pmatrix} -3 \\ 1 \\ -2 \end{pmatrix}$

b) $\varepsilon\colon\ X = \begin{pmatrix} 2 \\ -1 \\ 3 \end{pmatrix} + s \cdot \begin{pmatrix} 2 \\ -3 \\ 2 \end{pmatrix} + t \cdot \begin{pmatrix} 1 \\ -3 \\ 2 \end{pmatrix}$

11 Gib die Parameterdarstellung der Geraden g an, die durch den Punkt P verläuft und auf die Ebenen ε normal steht!

a) P(1/–2/3), $\quad \varepsilon\colon\ 2x + 3y - 4z = 7$

b) P(5/1/–2), $\quad \varepsilon\colon\ x - y + 3z = 8$

c) P(1/2/3), $\quad \varepsilon\colon\ x - 2z = 7$

12 Untersuche die Lagebeziehung der Geraden $g\colon\ X = \begin{pmatrix} 1 \\ -2 \\ 3 \end{pmatrix} + t \cdot \begin{pmatrix} 2 \\ 1 \\ 1 \end{pmatrix}$ zur Ebene

$\varepsilon\colon\ 2x - y + 3z = 1$. Wenn es einen Schnittpunkt gibt, dann berechne seine Koordinaten!

13 Unter welchem Winkel schneidet die Gerade $g\colon\ X = \begin{pmatrix} 2 \\ 3 \\ -1 \end{pmatrix} + t \cdot \begin{pmatrix} 1 \\ 4 \\ 2 \end{pmatrix}$ die Ebene

$\varepsilon\colon\ x + 2y - z = 16$. Gib auch die Koordinaten des Schnittpunkts an!

14 Bestimme die Lagebeziehung der Ebenen ε_1 und ε_2!

a) ε_1: $2x - 3y + 4z = 7$ $\quad$ ε_2: $x + 2y - z = 1$

b) ε_1: $X = \begin{pmatrix} 1 \\ 2 \\ 3 \end{pmatrix} + s \cdot \begin{pmatrix} -1 \\ 2 \\ 1 \end{pmatrix} + t \cdot \begin{pmatrix} 2 \\ 1 \\ 3 \end{pmatrix}$ $\quad$ ε_2: $-x + 2y + z = 3$

c) ε_1: $x - 2y + 3z = 5$ $\quad$ ε_2: $-2x + 4y - 6z = 8$

d) ε_1: $3x - y + 4z = -1$ $\quad$ ε_2: $-9x + 6y - 12z = 3$

15 Bestimme den Winkel, den die beiden Ebenen ε_1 und ε_2 miteinander einschließen!

a) ε_1: $3x - 4y + z = 7$ $\quad$ ε_2: $x + y + 2z = -9$

b) ε_1: $2x - 3y + z = -10$ $\quad$ ε_2: $-x + 5y - 3z = 8$

Lagebeziehungen von 3 Ebenen

a)

Die drei Ebenen sind ident.
Die Gleichungen der drei Ebenen sind proportional.

$$\varepsilon_1 \equiv \varepsilon_2 \equiv \varepsilon_3$$

b)

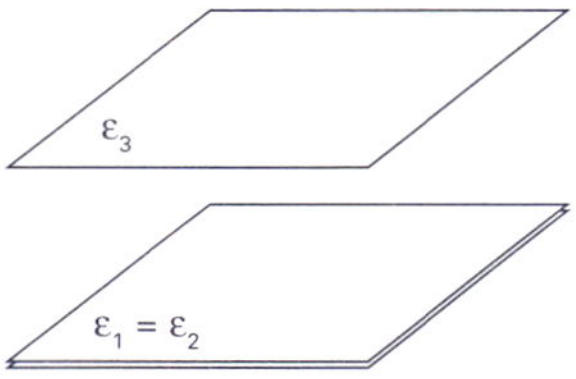

Zwei Ebenen sind ident, ihre Gleichungen sind proportional. Die Normalvektoren der drei Ebenen sind proportional.

$$\varepsilon_1 \cap \varepsilon_2 \cap \varepsilon_3 = \{\,\}$$

c)

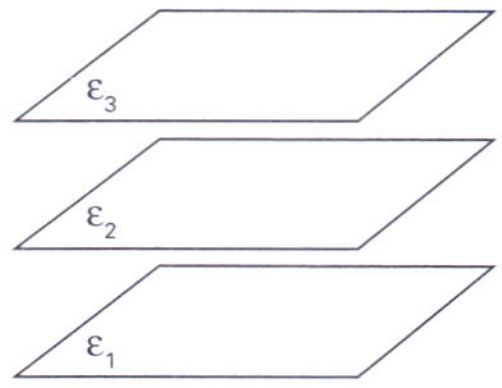

Die drei Ebenen liegen zueinander parallel. Die Normalvektoren der drei Ebenen sind proportional.

$$\varepsilon_1 \cap \varepsilon_2 \cap \varepsilon_3 = \{\,\}$$

d)

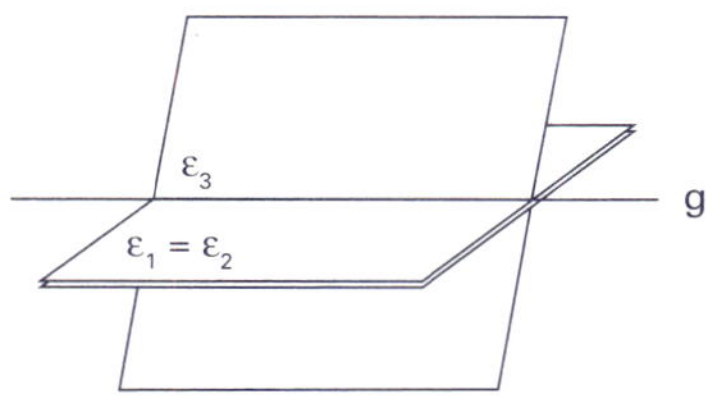

Zwei Ebenen sind ident, ihre Gleichungen sind proportional. Die dritte Ebene schneidet die beiden Ebenen in einer Geraden.

$$\varepsilon_1 \cap \varepsilon_2 \cap \varepsilon_3 = g$$

e)

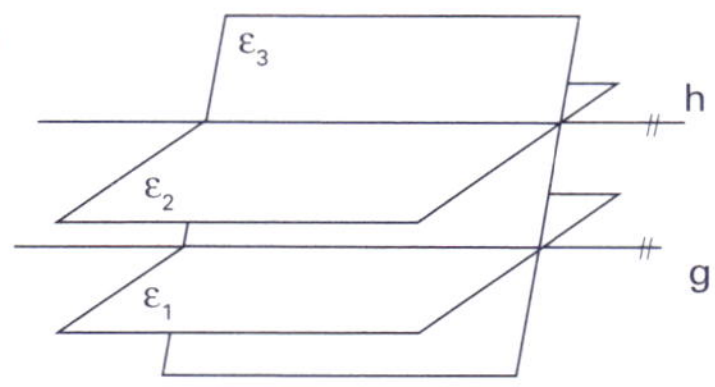

Zwei Ebenen sind zueinander parallel. Die dritte Ebene schneidet die parallelen Ebenen jeweils in einer Geraden.

$$\varepsilon_1 \cap \varepsilon_2 \cap \varepsilon_3 = \{\,\}$$

f)

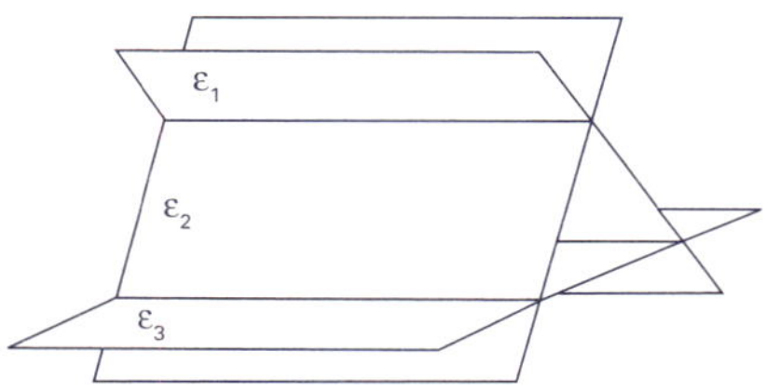

Jeweils zwei Ebenen schneiden einander in einer Geraden. Die Schnittgeraden sind zueinander parallel.

$$\varepsilon_1 \cap \varepsilon_2 \cap \varepsilon_3 = \{\,\}$$

g)

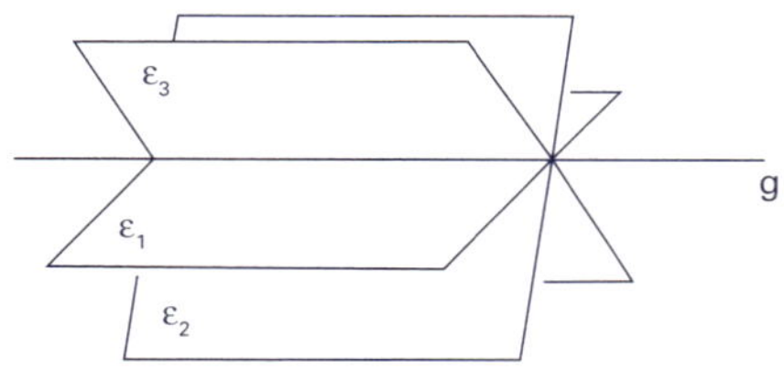

Die drei Ebenen schneiden einander in einer Geraden.

$$\varepsilon_1 \cap \varepsilon_2 \cap \varepsilon_3 = g$$

h)

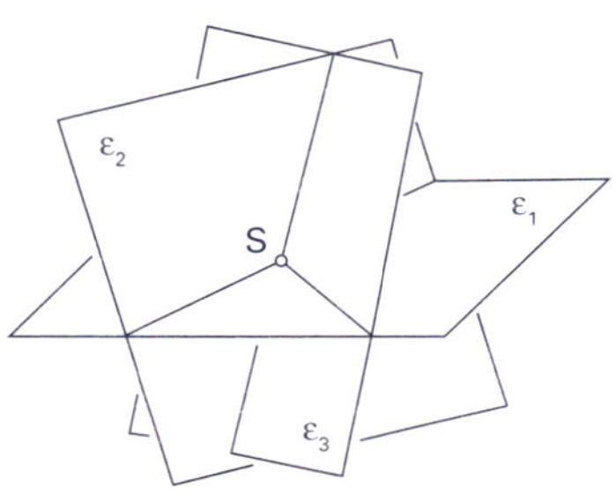

Die drei Ebenen schneiden einander in einem Punkt.

$$\varepsilon_1 \cap \varepsilon_2 \cap \varepsilon_3 = \{S\}$$

Die Bestimmung der Lagebeziehung von 3 Ebenen läuft auf das Lösen eines Gleichungssystems von 3 linearen Gleichungen mit 3 Variablen hinaus. (Vergleiche das entsprechende Kapitel Seite 51!)

Die Lagebeziehung dreier Ebenen mit den Gleichungen

$$a_1x + b_1y + c_1z = d_1$$
$$a_2x + b_2y + c_2z = d_2$$
$$a_3x + b_3y + c_3z = d_3$$

ergibt sich aus der Lösungsmenge des entsprechenden linearen Gleichungssystems:

- Die Lösungsmenge besteht aus einem Element → die Ebenen haben genau einen Punkt gemeinsam, sie schneiden einander in einem Punkt (Fall h).
- Einparametrige Lösungsmenge → die unendlich vielen Punkte der Lösungsmenge bilden eine Gerade, die Ebenen schneiden einander in einer Geraden (Fall d und g).
- Zweiparametrige Lösungsmenge → die unendlich vielen Punkte der Lösungsmenge bilden eine Ebene, die gegebenen Ebenen fallen zusammen (Fall a).
- Die Lösungsmenge ist die leere Menge → die Ebenen haben keinen Punkt gemeinsam (Fall b, c, e, f).

Ermittle die Lagebeziehung der 3 Ebenen!

ε_1: $-3x + 4y + 2z = -8$
ε_2: $2x - 5y + 2z = 11$
ε_3: $-3x + 6y + 4z = -8$

Betrachtet man die Normalvektoren der Ebenen

$$\vec{n_1} = \begin{pmatrix} -3 \\ 4 \\ 2 \end{pmatrix}, \vec{n_2} = \begin{pmatrix} 2 \\ -5 \\ 2 \end{pmatrix}, \vec{n_3} = \begin{pmatrix} -3 \\ 6 \\ 4 \end{pmatrix}$$

so sieht man, dass diese nicht proportional sind, d. h. die Ebenen liegen nicht parallel zueinander.

Lösen des Gleichungssystems

$$\begin{array}{lrl} \text{I} & -3x + 4y + 2z = -8 & \\ \text{II} & 2x - 5y + 2z = 11 & |\cdot(-1) \\ \hline & -3x + 4y + 2z = -8 & \\ & -2x + 5y - 2z = -11 & + \\ \hline \text{I}_1 & -5x + 9y = -19 & \end{array}$$

$$\begin{array}{lrl} \text{I} & -3x + 4y + 2z = -8 & |\cdot(-2) \\ \text{III} & -3x + 6y + 4z = -8 & \\ \hline & 6x - 8y - 4z = 16 & \\ & -3x + 6y + 4z = -8 & + \\ \hline \text{II}_1 & 3x - 2y = 8 & \end{array}$$

$$\begin{array}{lrl} \text{I}_1 & -5x + 9y = -19 & |\cdot 2 \\ \text{II}_1 & 3x - 2y = 8 & |\cdot 9 \\ \hline & -10x + 18y = -38 & \\ & 27x - 18y = 72 & + \\ \hline & 17x = 34 & \\ & x = 2 & \end{array}$$

aus II_1:
$$3 \cdot 2 - 2y = 8$$
$$-2y = 2$$
$$y = -1$$

aus II:
$$2 \cdot 2 - 5 \cdot (-1) + 2z = 11$$
$$2z = 2$$
$$z = 1$$

Die Lösungsmenge des Gleichungssystems besteht aus einem Element. Die 3 Ebenen schneiden einander in einem Punkt S(2/–1/1).

Ermittle die Lagebeziehung der 3 Ebenen!

ε_1: $x + 2y - 3z = 5$

ε_2: $2x + 4y - 6z = 1$

ε_3: $-x - 2y + 3z = 4$

Betrachtet man die Normalvektoren der Ebenen

$$\vec{n_1} = \begin{pmatrix} 1 \\ 2 \\ -3 \end{pmatrix}, \vec{n_2} = \begin{pmatrix} 2 \\ 4 \\ -6 \end{pmatrix}, \vec{n_3} = \begin{pmatrix} -1 \\ -2 \\ 3 \end{pmatrix}$$

so sieht man, dass diese zueinander proportional sind. Es gilt $\vec{n_2} = 2 \cdot \vec{n_1}$ bzw. $\vec{n_3} = (-1) \cdot \vec{n_1}$. Die Ebenen können daher nur parallel oder ident sein. Vergleicht man in den Gleichungen die Konstanten auf der rechten Seite, so sind diese keine entsprechenden Vielfachen, d. h. die Gleichungen sind nicht proportional. Die Ebenen sind daher nicht ident, sondern liegen zueinander parallel. $\varepsilon_1 \parallel \varepsilon_2 \parallel \varepsilon_3$, $\varepsilon_1 \cap \varepsilon_2 \cap \varepsilon_3 = \{\}$

Ermittle die Lagebeziehung der 3 Ebenen!

ε_1: $-x - y + z = -5$

ε_2: $x + 2y + z = 12$

ε_3: $-x + 3y + 9z = 23$

Betrachtet man die Normalvektoren der Ebenen

$$\vec{n_1} = \begin{pmatrix} -1 \\ -1 \\ 1 \end{pmatrix}, \vec{n_2} = \begin{pmatrix} 1 \\ 2 \\ 1 \end{pmatrix}, \vec{n_3} = \begin{pmatrix} -1 \\ 3 \\ 9 \end{pmatrix}$$

so sieht man, dass diese nicht proportional sind, d. h. die Ebenen liegen nicht parallel zueinander.

Lösen des Gleichungssystems

$$\begin{array}{lrl} \text{I} & -x - y + z = -5 & \\ \text{II} & x + 2y + z = 12 & \} + \\ \hline \text{I}_1 & y + 2z = 7 & \end{array}$$

$$\begin{array}{lrl} \text{II} & x + 2y + z = 12 & \\ \text{III} & -x + 3y + 9z = 23 & \} + \\ \hline \text{II}_1 & 5y + 10z = 35 & |:5 \\ & y + 2z = 7 & \end{array}$$

$$\begin{array}{lr} \text{I}_1 & y + 2z = 7 \\ \text{II}_1 & y + 2z = 7 \\ \hline & y + 2z = 7 \\ & z = t \\ & y = 7 - 2t \end{array}$$

Man erhält eine Gleichung mit 2 Variablen.

Für z wird der Parameter $t \in \mathbb{R}$ gesetzt.

aus II $x + 2 \cdot (7 - 2t) + t = 12$

$x + 14 - 4t + t = 12$

$x = -2 + 3t$

Man erhält eine einparametrige Lösungsmenge:

$$\left.\begin{array}{l} x = -2 + 3t \\ y = 7 - 2t \\ z = t \end{array}\right\} \text{daraus folgt} \rightarrow g\colon X = \begin{pmatrix} -2 \\ 7 \\ 0 \end{pmatrix} + t \cdot \begin{pmatrix} 3 \\ -2 \\ 1 \end{pmatrix}$$

Die 3 Ebenen schneiden einander in einer Geraden.

Abstandsberechnungen

Abstand eines Punktes von einer Ebene

Der Abstand d des Punktes P von der Ebene ε ist die vektorielle Projektion des Vektors $\overrightarrow{X_1P}$ auf den Normalvektor $\vec{n}$ der Ebene.

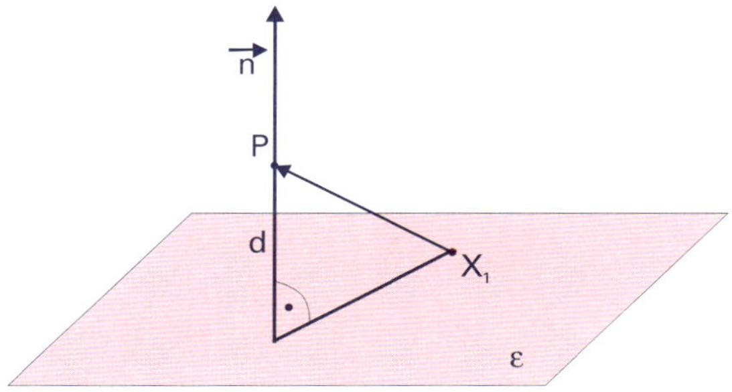

$$d = \left|\frac{\overrightarrow{X_1P} \cdot \vec{n}}{|\vec{n}|}\right| = \left|\overrightarrow{X_1P} \cdot \frac{\vec{n}}{|\vec{n}|}\right| = |\overrightarrow{X_1P} \cdot \vec{n}_0|$$

Abstand eines Punktes P von einer Ebene ε
$d(P, \varepsilon) = |\overrightarrow{X_1P} \cdot \vec{n}_0|$ Hesse´sche Abstandsformel

Berechne den Abstand des Punktes P(1/–2/3) von der Ebene ε: $x + 2y - 4z = 5$!

Um einen Punkt X_1 der Ebene zu erhalten, kann man beispielsweise für die y- und z-Koordinate 0 setzen, die x-Koordinate ist dann 5 $\rightarrow$ $X_1(5/0/0)$

$\overrightarrow{X_1P} = \begin{pmatrix} -4 \\ -2 \\ 3 \end{pmatrix}$ aus ε: $\vec{n} = \begin{pmatrix} 1 \\ 2 \\ -4 \end{pmatrix}$ $|\vec{n}| = \sqrt{1 + 4 + 16} = \sqrt{21}$

$$d = \left|\begin{pmatrix} -4 \\ -2 \\ 3 \end{pmatrix} \cdot \frac{1}{\sqrt{21}} \cdot \begin{pmatrix} 1 \\ 2 \\ -4 \end{pmatrix}\right| = \left|\frac{1}{\sqrt{21}} \cdot (-4 - 4 - 12)\right| = \frac{1}{\sqrt{21}} \cdot 20 = 4{,}364..$$

d = 4,36 LE LE ... Längeneinheiten

Abstand eines Punktes von einer Geraden im Raum

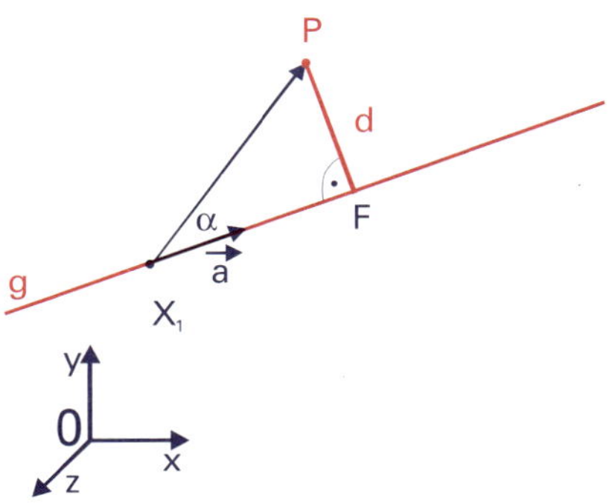

Im rechtwinkeligen Dreieck X_1FP gilt:

$$\sin \alpha = \frac{d}{|\overrightarrow{X_1P}|}$$

$\rightarrow$ $d = |\overrightarrow{X_1P}| \cdot \sin \alpha$

Berechne den Abstand des Punktes P(1/–2/1) von der Geraden g: $X = \begin{pmatrix} 4 \\ -3 \\ 1 \end{pmatrix} + t \cdot \begin{pmatrix} -1 \\ 3 \\ 4 \end{pmatrix}$!

$X_1(4/-3/1)$, $\overrightarrow{X_1P} = \begin{pmatrix} -3 \\ 1 \\ 0 \end{pmatrix}$ $|\overrightarrow{X_1P}| = \sqrt{9 + 1} = \sqrt{10}$

Berechnung des Winkels α, das ist der Winkel, den der Richtungsvektor $\vec{a}$ mit dem Vektor $\overrightarrow{X_1P}$ einschließt.

$$\cos\alpha = \frac{\vec{a}\cdot\overrightarrow{X_1P}}{|\vec{a}|\cdot|\overrightarrow{X_1P}|} \qquad \vec{a} = \begin{pmatrix}-1\\3\\4\end{pmatrix},\quad \vec{a}\cdot\overrightarrow{X_1P} = \begin{pmatrix}-1\\3\\4\end{pmatrix}\cdot\begin{pmatrix}-3\\1\\0\end{pmatrix} = 3+3=6$$

$$|\vec{a}| = \sqrt{1+9+16} = \sqrt{26}$$

$$\cos\alpha = \frac{6}{\sqrt{26}\cdot\sqrt{10}} \rightarrow \alpha = 68{,}154..$$

$d = |\overrightarrow{X_1P}|\cdot\sin\alpha$ Einsetzen in die Formel

$d = \sqrt{10}\cdot\sin 68{,}154.. = 2{,}935..$

$d = 2{,}94$ LE

Abstand zweier windschiefer Geraden

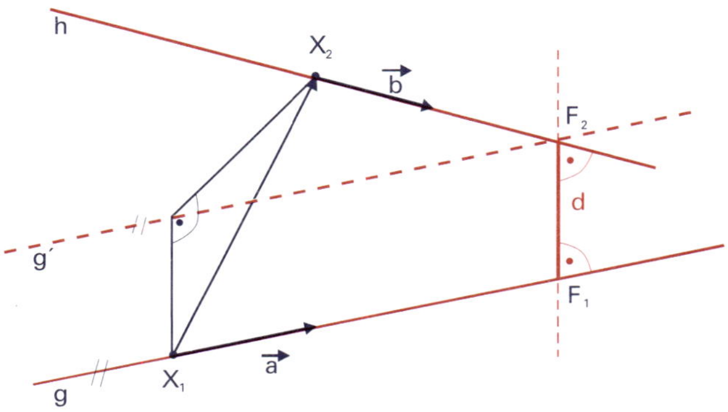

Die kürzeste Entfernung der windschiefen Geraden liegt auf dem gemeinsamen Lot (Gemeinlot) der beiden Geraden g und h. Die Richtung des Gemeinlots ist der Normalvektor auf $\vec{a}$ und $\vec{b}$, also $\vec{a}\times\vec{b}$. Projiziert man den Vektor $\overrightarrow{X_1X_2}$ auf das Gemeinlot, so erhält man d.

$$d = \left|\frac{\overrightarrow{X_1X_2}\cdot(\vec{a}\times\vec{b})}{|\vec{a}\times\vec{b}|}\right| = |\overrightarrow{X_1X_2}\cdot(\vec{a}\times\vec{b})_0|$$

$$\boxed{d = |\overrightarrow{X_1X_2}\cdot(\vec{a}\times\vec{b})_0|}$$

Berechne den Abstand der beiden windschiefen Geraden g und h!

$$g\colon X = \begin{pmatrix}-1\\3\\5\end{pmatrix} + s\cdot\begin{pmatrix}3\\-2\\-2\end{pmatrix},\quad h\colon X = \begin{pmatrix}2\\6\\-1\end{pmatrix} + t\cdot\begin{pmatrix}3\\-1\\-4\end{pmatrix}$$

$$\vec{a}\times\vec{b} = \begin{pmatrix}3\\-2\\-2\end{pmatrix}\cdot\begin{pmatrix}3\\-1\\-4\end{pmatrix} = \begin{pmatrix}6\\6\\3\end{pmatrix} \qquad |\vec{a}\times\vec{b}| = \sqrt{36+36+9} = \sqrt{81} = 9$$

$$\overrightarrow{X_1X_2} = \begin{pmatrix}3\\3\\-6\end{pmatrix}$$

$$d = |\overrightarrow{X_1X_2}\cdot(\vec{a}\times\vec{b})_0|$$

$$d = \left|\begin{pmatrix}3\\3\\-6\end{pmatrix}\cdot\frac{1}{9}\cdot\begin{pmatrix}6\\6\\3\end{pmatrix}\right| = \frac{1}{9}\cdot|18+18-18| = \frac{18}{9} = 2$$

$d = 2$ LE

Lagebeziehung von 3 Ebenen – Abstandberechnungen

1 Ermittle die Lagebeziehung der drei Ebenen ε_1, ε_2 und ε_3!

a) ε_1: $-x + 2y - 3z = -4$
ε_2: $2x + 3y + z = 7$
ε_3: $3x - y - 2z = -11$

b) ε_1: $x + 2y - z = 0$
ε_2: $-x + 3y + 2z = 9$
ε_3: $2x - 4y + 3z = 12$

c) ε_1: $x + 2y - 3z = -1$
ε_2: $3x - y + z = -5$
ε_3: $-2x - 4y + 6z = 3$

d) ε_1: $5x - 3y + z = -5$
ε_2: $x + y = 1$
ε_3: $-3x + 4y - z = 3$

e) ε_1: $-3x + 2y - z = 1$
ε_2: $3x - 2y + z = 5$
ε_3: $6x - 4y + 2z = 3$

f) ε_1: $x + 3y - 2z = 1$
ε_2: $4x - 3y + z = 5$
ε_3: $-2x - y + z = -2\frac{1}{3}$

2 Berechne den Abstand des Punktes P von der Ebene ε!

a) $P(-2/1/3)$, ε: $2x + y - z = 5$

b) $P(3/2/-1)$, ε: $x - 2y + 3z = 2$

3 Berechne den Abstand des Punktes P von der Geraden g!

a) $P(3/-7/1)$, g: $X = \begin{pmatrix} 1 \\ -2 \\ 3 \end{pmatrix} + t \cdot \begin{pmatrix} 1 \\ -2 \\ 1 \end{pmatrix}$

b) $P(1/8/-2)$, g: $X = \begin{pmatrix} 3 \\ -4 \\ 1 \end{pmatrix} + t \cdot \begin{pmatrix} 2 \\ -1 \\ -1 \end{pmatrix}$

4 Von einer Pyramide kennt man die Eckpunkte der Grundfläche ABC [A(–2/1/3), B(1/–4/2), C(2/5/–1)] und die Spitze S(5/2/–6). Berechne die Länge der Höhe!

5 Berechne den Abstand der beiden parallelen Ebenen ε_1 und ε_2!

a) ε_1: $2x - 3y + z = 1$
ε_2: $2x - 3y + z = 3$

b) ε_1: $x - 2y + 3z = 5$
ε_2: $-x + 2y - 3z = 8$

c) ε_1: $X = \begin{pmatrix} 1 \\ -1 \\ 0 \end{pmatrix} + s \cdot \begin{pmatrix} 2 \\ 0 \\ 1 \end{pmatrix} + t \cdot \begin{pmatrix} 1 \\ 2 \\ 1 \end{pmatrix}$, ε_2: $X = \begin{pmatrix} 2 \\ 2 \\ 1 \end{pmatrix} + u \cdot \begin{pmatrix} 1 \\ -2 \\ 0 \end{pmatrix} + v \cdot \begin{pmatrix} 3 \\ 2 \\ 2 \end{pmatrix}$

6 Berechne den Abstand der beiden windschiefen Geraden g und h!

a) g: $X = \begin{pmatrix} 1 \\ 0 \\ 4 \end{pmatrix} + s \cdot \begin{pmatrix} 1 \\ 2 \\ 1 \end{pmatrix}$, h: $X = \begin{pmatrix} 4 \\ 0 \\ -1 \end{pmatrix} + t \cdot \begin{pmatrix} 1 \\ -2 \\ 1 \end{pmatrix}$

b) g: $X = \begin{pmatrix} 2 \\ -1 \\ 3 \end{pmatrix} + s \cdot \begin{pmatrix} 1 \\ 2 \\ 2 \end{pmatrix}$, h: $X = \begin{pmatrix} 1 \\ -2 \\ -4 \end{pmatrix} + t \cdot \begin{pmatrix} 1 \\ 3 \\ 6 \end{pmatrix}$

Statistik

Eine Aufgabe der Statistik ist es, (auch größere) Datenmengen zusammenzufassen und darzustellen. Man verwendet dazu bestimmte Kennzahlen, die du zum Teil bereits kennst. Man wertet **Stichproben** aus, um zu Aussagen bzw. Prognosen über die Gesamtheit zu kommen. Man untersucht Eigenschaften oder Größen, die man als **statistische Merkmale** bezeichnet. Die einzelnen Ergebnisse der Stichprobe sind die **Merkmalswerte**. Die Gesamtheit aller Merkmalswerte heißt **Stichprobenumfang**.

Häufigkeitsverteilungen

Bei der letzten Mathematikschularbeit gab es folgende Noten, die man in einer **Strichliste** (siehe unten) zusammenfassen kann.
Absolute Häufigkeit h: Anzahl einer bestimmten Note.
Relative Häufigkeit r: Anzahl einer bestimmten Note, gemessen an der Gesamtzahl der Noten.

Relative Häufigkeit r

$r = \frac{h}{G}$ mit h ... absolute Häufigkeit, G ... Gesamtzahl (Stichprobenumfang)

Prozentuelle Häufigkeit p (der prozentuelle Anteil) ergibt sich nach der Formel

$p = \frac{h}{G} \cdot 100 = r \cdot 100$

Note	Strichliste	absolute Häufigkeit h	relative Häufigkeit r	prozentuelle Häufigkeit p
1	𝍸	5	$\frac{5}{25} = 0{,}2$	20%
2	𝍸 I	6	$\frac{6}{25} = 0{,}24$	24%
3	𝍸 III	8	$\frac{8}{25} = 0{,}32$	32%
4	𝍸	5	$\frac{5}{25} = 0{,}2$	20%
5	I	1	$\frac{1}{25} = 0{,}04$	4%
Summe		25	$\frac{25}{25} = 1$	100%

Anmerkung: Die Summe der relativen bzw. der prozentuellen Häufigkeiten ergibt durch die Rundungen manchmal nicht genau 1 bzw. 100%.

Mittelwert (arithmetisches Mittel) $\bar{x}$

Für die Berechnung des Mittelwerts gilt die Formel: $\text{Mittelwert} = \frac{\text{Summe der Einzelwerte}}{\text{Anzahl der Einzelwerte}}$

gewichteter Mittelwert (Notendurchschnitt) $= \frac{1 \cdot 5 + 2 \cdot 6 + 3 \cdot 8 + 4 \cdot 5 + 5 \cdot 1}{25} = \frac{66}{25} = 2{,}64$

Beachte: Man spricht von einem gewichteten Mittelwert, wenn man die absoluten Häufigkeiten der verschiedenen Merkmalsausprägungen berücksichtigt.

Grafische Darstellungsmöglichkeiten

für absolute Häufigkeiten
z. B. ein Streifendiagramm

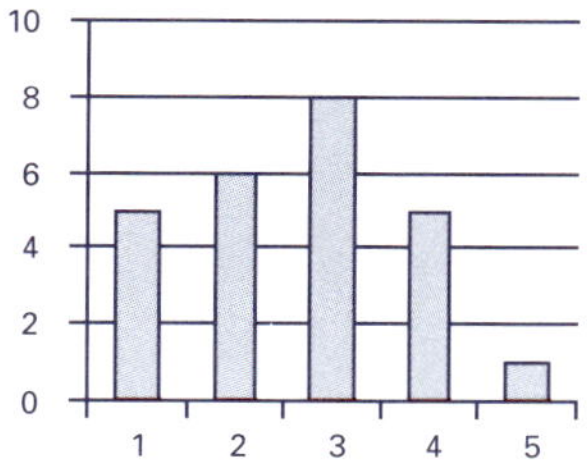

für relative Häufigkeiten
z. B. ein Streifendiagramm

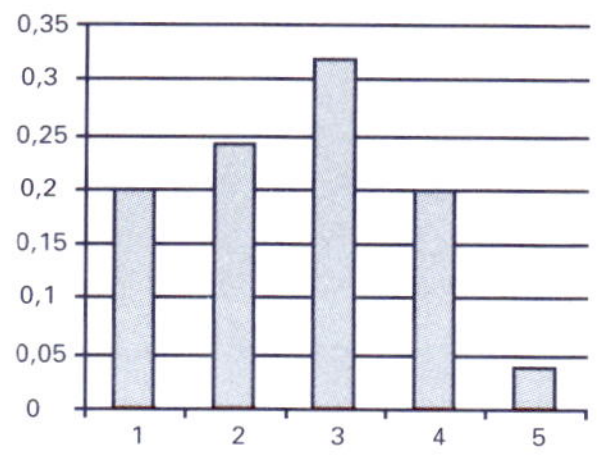

für prozentuelle Häufigkeiten
z. B. ein Prozentkreis

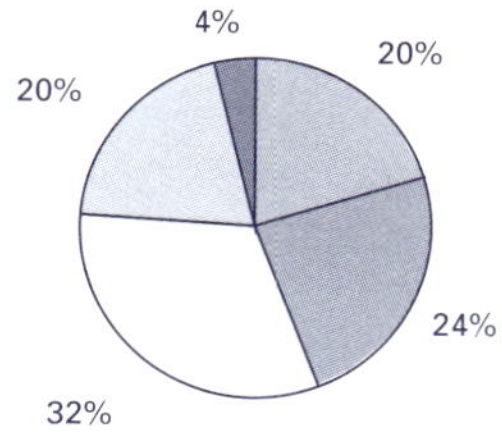

Aus einem Forschungsbericht kann man das Geburtsgewicht von Fohlen entnehmen. In der Tabelle sind die Messwerte in kg von 20 Fohlen angegeben.

39	45	61	45	55	45	50	50	55	44
48	50	39	44	47	47	45	45	47	39

a) Berechne die absolute, relative und prozentuelle Häufigkeit!
b) Berechne das arithmetische Mittel, den Modalwert und den Zentralwert!
c) Gib die Spannweite an!
d) Gib die Quartile an!
e) Zeichne ein Kastenschaubild!

Schreibe die Messwerte der Größe nach geordnet an, es treten 8 verschiedene Merkmalswerte auf.

39 39 39 44 44 45 45 45 45 45 ▲ 47 47 47 48 50 50 50 55 55 61

kg	h	r	p
39	3	$\frac{3}{20} = 0{,}15$	15%
44	2	$\frac{2}{20} = 0{,}1$	10%
45	5	$\frac{5}{20} = 0{,}25$	25%
47	3	$\frac{3}{20} = 0{,}15$	15%
48	1	$\frac{1}{20} = 0{,}05$	5%
50	3	$\frac{3}{20} = 0{,}15$	15%
55	2	$\frac{2}{20} = 0{,}1$	10%
61	1	$\frac{1}{20} = 0{,}05$	5%
Summe	20	$\frac{20}{20} = 1$	100%

Arithmetisches Mittel $\bar{x} = \frac{\text{Summe der Einzelwerte}}{\text{Anzahl der Werte}}$

$$\bar{x} = \frac{3 \cdot 39 + 2 \cdot 44 + 5 \cdot 45 + 3 \cdot 47 + 1 \cdot 48 + 3 \cdot 50 + 2 \cdot 55 + 1 \cdot 61}{20} = 47 \text{ kg}$$

Unter dem **Modalwert (Modus) m** versteht man den am häufigsten vorkommenden Wert.

$m = 45$ kg

Unter dem **Zentralwert (Median) z** versteht man den in der Mitte stehenden Wert einer geordneten Stichprobe. Bei einer geraden Anzahl von Werten nimmt man für z das arithmetische Mittel der beiden innersten Werte.

$$z = \frac{45 + 47}{2} = 46 \text{ kg}$$

Spannweite R = Unterschied zwischen dem größten (x_{max}) und dem kleinsten (x_{min}) Wert.

$R = x_{max} - x_{min}$ $\quad x_{max} = 61$ kg $\quad x_{min} = 39$ kg

$R = 61 - 39$

$R = 22$ kg

Quartile

Teilt man eine geordnete Liste in 4 gleiche Teile, so werden die Werte für ein Viertel (25%), für zwei Viertel (50%) und drei Viertel (75%) Quartile q_1, q_2 und q_3 genannt.

Beachte: q_2 stimmt mit dem Zentralwert überein.

39 39 39 44 44 45 45 45 45 45 47 47 47 48 50 50 50 55 55 61

x_{min} x_{max}

$q_1 = 44{,}5$ $q_2 = 46$ $q_3 = 50$

Kastenschaubild

In einem Kastenschaubild stellt man x_{min}, x_{max}, R, q_1, $q_2 = z$, q_3 mit Hilfe einer Zahlengeraden graphisch dar.

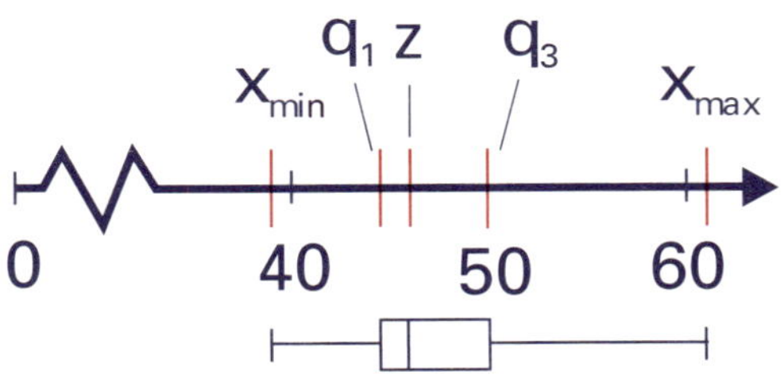

Mit Hilfe der Quartile kann man zum Beispiel sagen:
- Die Hälfte der Werte liegt zwischen 44,5 kg (= q_1) und 50 kg (= q_3).
- 75% der Werte sind größer als 44,5 kg.
- Ein Viertel der Werte ist größer als 50 kg.

Klasseneinteilung

Ist der Stichprobenumfang bei einer statistischen Untersuchung sehr groß, ist es für die Berechnung von statistischen Kennzahlen günstig, eine Klasseneinteilung vorzunehmen.
Beachte bei einer solchen Klasseneinteilung:
- Jede Klasse muss dieselbe Breite haben (Klassenbreite).
- Jeder Messwert muss eindeutig einer Klasse zuordenbar sein.
- Der mittlere Wert einer Klasse wird als Klassenmitte bezeichnet. Mit diesem Wert werden die Berechnungen durchgeführt.

In der folgenden Liste ist die Körpergröße (in cm) von 14-Jährigen angegeben.

145	143	156	160	158	171	165	163	161	170
156	167	148	152	168	149	153	149	162	153
153	170	158	162	159					

a) Führe eine Klasseneinteilung der Messwerte durch!
Beginne mit 142,5 cm bis 172,5 cm und setze mit gleich breiten Klassen fort!
b) Berechne die absolute, relative und prozentuelle Häufigkeit!
c) Berechne das arithmetische Mittel!
d) Berechne die Standardabweichung (Streuung um den Mittelwert)!

i	Klasse	Klassenmitte	Strichliste	h	r	p
1	142,5–147,5	145	II	2	$\frac{2}{25}$ = 0,08	8%
2	147,5–152,5	150	IIII	4	$\frac{4}{25}$ = 0,16	16%
3	152,5–157,5	155	~~IIII~~ II	7	$\frac{7}{25}$ = 0,28	28%
4	157,5–162,5	160	~~IIII~~ I	6	$\frac{6}{25}$ = 0,24	24%
5	162,5–167,5	165	III	3	$\frac{3}{25}$ = 0,12	12%
6	167,5–172,5	170	III	3	$\frac{3}{25}$ = 0,12	12%
	Summe			25	$\frac{25}{25}$ = 1	100%

Berechnung des Mittelwerts mit Hilfe der Klassenmitten:

$$\overline{x} = \frac{2 \cdot 145 + 4 \cdot 150 + 7 \cdot 155 + 6 \cdot 160 + 3 \cdot 165 + 3 \cdot 170}{25} = \frac{3\,940}{25} = 157{,}6 \text{ cm}$$

Die Differenz aus einer Merkmalsausprägung x_i und dem Mittelwert wird als Abweichung bezeichnet. Unter der Streuung (Standardabweichung) versteht man den Mittelwert der Abweichungen. Die **Standardabweichung s** wird mit der Formel berechnet:

$$s = \sqrt{\frac{(x_1 - \overline{x})^2 \cdot h_1 + (x_2 - \overline{x})^2 \cdot h_2 + \ldots + (x_n - \overline{x})^2 \cdot h_n}{n}}$$

Beachte: Bei der Berechnung der Summe für den Mittelwert dürfen positive und negative Abweichungen einander nicht aufheben. Um das zu vermeiden, nimmt man die Quadrate der Abweichungen. Damit aber die Streuung im selben Verhältnis wie die Variablenwerte steht (z. B.: beim Verdoppeln der Werte würde sich die Streuung durch das Quadrieren vervierfachen), zieht man wieder die Wurzel.

i	x_i	$x_i - \overline{x}$	$(x_i - \overline{x})^2$	$(x_i - \overline{x})^2 \cdot h_i$
1	145	–12,6	158,76	317,52
2	150	–7,6	57,76	231,04
3	155	–2,6	6,76	47,32
4	160	2,4	5,76	34,56
5	165	7,4	54,76	164,28
6	170	12,4	153,76	461,28
Summe				1 256,00

$s = \sqrt{\frac{1\,256}{25}} = 7{,}088..$ Einsetzen in die Formel

$s = 7{,}09$ cm

Beachte: Das Quadrat der Standardabweichung wird als Varianz v bezeichnet: $v = s^2$

Statistik

1 Bei einer Abschlussprüfung sind zwei verschiedene Themenvorschläge A und B zu bearbeiten, wobei als Maximum 40 Punkte erreicht werden können. Es werden folgende Ergebnisse erzielt:

Thema A														
35	28	15	30	25	35	35	23	15	24	25	32	30	32	38

Thema B														
38	27	19	35	40	38	12	31	27	12	8	27	20	19	35

Vergleiche die Ergebnisse, indem du für jedes Thema

a) die absolute, relative und prozentuelle Häufigkeit,

b) das arithmetische Mittel, den Modalwert und den Zentralwert berechnest,

c) die Spannweite und die Quartile angibst!

d) Versuche, die Testergebnisse zu interpretieren! Bei welchem Thema wurden bessere Leistungen erzielt?

2 In der folgenden Liste sind die Ergebnisse eines Tests in Punkten angegeben.

85	76	65	71	75	79	62	67	97	78
77	85	75	76	63	72	81	73	67	86
94	77	69	74	68	60	66	78	82	75
93	76	88	62	90	68	82	75	86	68
75	85	59	71	93	60	73	88	79	73
61	65	75	87	74	62	95	78	63	72
75	95	60	79	83	71	96	78	89	61
74	53	76	62	78	88	57	73	80	65

a) Führe eine Klasseneinteilung der Ergebnisse durch!
Beginne mit 50 bis 54 Punkten und setze mit gleich breiten Klassen fort!

b) Berechne die absolute, relative und prozentuelle Häufigkeit!

c) Berechne das arithmetische Mittel!

d) Berechne die Standardabweichung und gib auch die Varianz an!

Wahrscheinlichkeitsrechnung

Grundbegriffe

Zufallsexperiment
Jeder Versuch (jeder Vorgang), dessen Ausgang vom Zufall abhängt und beliebig oft wiederholt werden kann. Z. B.: Das Werfen eines Würfels.

Elementarereignis
Jedes mögliche Ergebnis eines Zufallsexperiments.

Ergebnismenge (Ergebnisraum) Ω
Gesamtheit aller möglichen Ergebnisse eines Experiments
z. B.: Augenzahlen beim Werfen eines Würfels: $\Omega = \{1, 2, 3, 4, 5, 6\}$.

Ereignis A
Jede Teilmenge von Ω.

Wahrscheinlichkeit P(A)
Maß für den Erwartungswert, mit dem ein beliebiges Ereignis A eintritt.
Man schreibt P(A) P ... Probabilitas (lat.) bzw. probability (engl.) ... Wahrscheinlichkeit

Laplace-Experiment
(Pierre Simon Laplace ... franz. Mathematiker 1749–1827)
Ein Zufallsexperiment, bei dem jedes Ergebnis mit gleicher Wahrscheinlichkeit auftritt.

Ein Gerät, mit dem ein Laplace-Experiment durchgeführt wird, heißt Laplace-Gerät, z. B.: ein (idealer, d. h. nicht manipulierter) Würfel.

Wahrscheinlichkeit für das Auftreten jeder Augenzahl beim Würfeln
$P(1) = \frac{1}{6}$ P(1) ... Wahrscheinlichkeit, die Augenzahl 1 zu würfeln
Es gilt: $P(1) = P(2) = P(3) = P(4) = P(5) = P(6) = \frac{1}{6}$

Laplace´sche Wahrscheinlichkeitsregel

$$P(A) = \frac{\text{Anzahl der günstigen Ereignisse}}{\text{Anzahl der möglichen Ereignisse}} = \frac{g}{m}$$

Gib die Wahrscheinlichkeit an, mit einem Würfel die Augenzahl 1 oder 6 zu würfeln!
$P(A) = \frac{2}{6} = \frac{1}{3}$ Es gibt 2 günstige und 6 mögliche Ereignisse.

Sicheres Ereignis
$P(A) = 1$ z. B.: Augenzahl kleiner 7 zu würfeln

Unmögliches Ereignis
$P(A) = 0$ z. B.: Augenzahl = 7 zu würfeln

Beachte: Man kann die Wahrscheinlichkeiten auch als relativen Anteil (Prozent) angeben. So gilt z. B.: für das sicher Ereignis P(A) = 1 auch P(A) = 100% oder für die Wahrscheinlichkeit $P(A) = \frac{1}{2}$ auch P(A) = 50%, $P(A) = \frac{1}{6}$ auch P(A) = 16,67%

Gegenereignis

Manchmal ist es bei der Berechnung von Wahrscheinlichkeiten einfacher, die Wahrscheinlichkeit für die ungünstigen Ereignisse zu verwenden.

Die Wahrscheinlichkeit, mit der ein Ereignis nicht eintritt, heißt Gegenwahrscheinlichkeit.

Es gilt: $P(A') = 1 - P(A)$ A′ … Gegenereignis

Darstellung von Experimenten mit Hilfe von Urnenmodellen

Das Ziehen aus einer Urne wird häufig angewandt – z. B.: bei Ziehungen für diverse Lotterien, bei Veranstaltungen, bei Auslosungen im Sport, wo beispielsweise Spiele zwischen Mannschaften festgelegt werden. Aber auch beim Prüfen von Warenlieferungen oder Produktionsprozessen, wo die Urne als Modell zur Simulation eines Tests dient.

In einer Urne sind 5 weiße und 3 schwarze Kugeln. Wie groß ist die Wahrscheinlichkeit, dass bei einer zufälligen Auswahl **a)** eine weiße, **b)** eine schwarze Kugel gezogen wird?

Die graphische Veranschaulichung von solchen Experimenten erfolgt mit Hilfe eines Baumdiagramms.

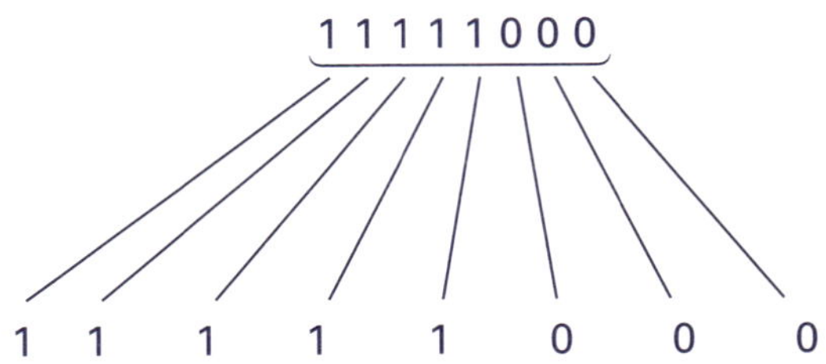

1 … stellt eine weiße Kugel dar

0 … stellt eine schwarze Kugel dar

Es gibt 8 wahrscheinliche Zugmöglichkeiten. Diese werden in der Wahrscheinlichkeitsrechnung als Pfade bezeichnet.

Für die Wahrscheinlichkeit, eine weiße Kugel (1) zu ziehen, gilt:

$$P(A) = \frac{g}{m}$$

$$P(1) = \frac{5}{8}$$

Für die Wahrscheinlichkeit, eine schwarze Kugel (0) zu ziehen, gilt:

$$P(A) = \frac{g}{m}$$

$$P(1) = \frac{3}{8}$$

Einfacher und übersichtlicher ist die Darstellung in einem gewichteten Baumdiagramm.

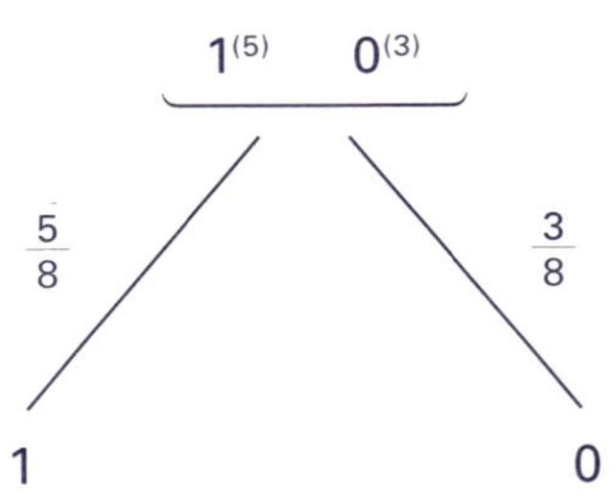

Die in Klammer gesetzte Hochzahl gibt die Anzahl der weißen bzw. schwarzen Kugeln an.

Es gibt 2 nicht gleichwahrscheinliche Pfade mit den Wahrscheinlichkeiten $\frac{5}{8}$ bzw. $\frac{3}{8}$.

Ziehen geordneter Stichproben – 1. Pfadregel

Ziehen geordneter Stichproben mit Zurücklegen

Ein Reisebüro veranstaltet ein Gewinnspiel. In einer Urne sind 2 Kugeln, die sich nur durch die Beschriftung unterscheiden: E und S. Der Kunde zieht verdeckt eine Kugel, notiert den Buchstaben und legt die Kugel wieder in die Urne zurück. Dieses Verfahren wird noch zweimal wiederholt. Entsteht dabei das Wort SEE, so erhält der Kunde einen Gutschein für eine Reise in der Höhe von 20 €. Wie groß ist die Gewinnchance für den Kunden?

Eine Übersicht über die Ziehungsvorgänge ergibt das folgende Baumdiagramm:

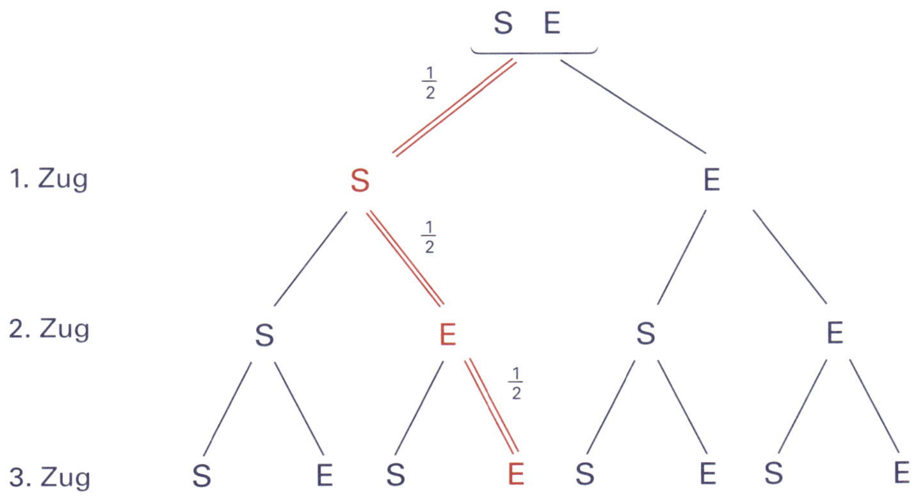

Man sieht, es gibt 8 mögliche Fälle, wovon nur einer „günstig" ist. Nach der Laplace´schen Wahrscheinlichkeitsregel ergibt sich

$$P(A) = \frac{g}{m}$$

$$P(SEE) = \frac{1}{8}$$

Trägt man im Baumdiagramm die Wahrscheinlichkeiten für den günstigen Fall bei jedem Zug ein, so kann man erkennen: Die Wahrscheinlichkeit, beim ersten Zug ein S zu ziehen, ist $\frac{1}{2}$, die Wahrscheinlichkeit, beim zweiten Zug ein E zu ziehen, ist ebenfalls $\frac{1}{2}$. Die Wahrscheinlichkeit, beim 3. Zug wieder ein E zu ziehen, ist $\frac{1}{2}$. Die Wahrscheinlichkeit, das Wort SEE zu ziehen, ergibt sich aus $P(SEE) = \frac{1}{2} \cdot \frac{1}{2} \cdot \frac{1}{2} = \frac{1}{8}$

1. Pfadregel:
Die Wahrscheinlichkeit einer geordneten Zufallsfolge (Stichprobe) erhält man, indem man die Wahrscheinlichkeiten längs des zugehörigen Pfades multipliziert.

Ziehen geordneter Stichproben ohne Zurücklegen

In einer Urne befinden sich 3 Kugeln, die mit den Buchstaben E, E und S gekennzeichnet sind. Jemand zieht eine Kugel und ihr Buchstabe wird notiert. Die Kugel wird nicht wieder in die Urne zurückgelegt. Dieser Vorgang wird noch zweimal durchgeführt. Wie groß ist die Wahrscheinlichkeit, das Wort SEE zu erhalten?

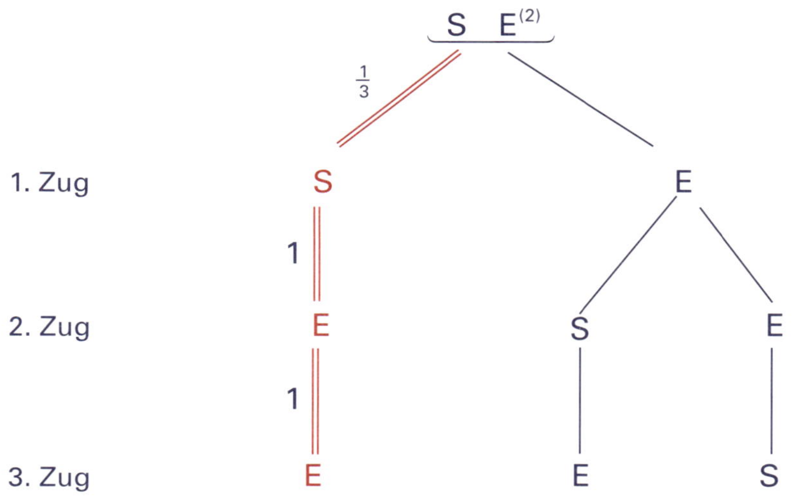

Nach der 1. Pfadregel gilt:

$$P(SEE) = \frac{1}{3} \cdot 1 \cdot 1 = \frac{1}{3}$$

Ziehen ungeordneter Stichproben – 2. Pfadregel

Ziehen ungeordneter Stichproben mit Zurücklegen

In einer Urne befinden sich 20 Kugeln, wobei je 5 rot, weiß, schwarz und grün sind. Jemand zieht eine Kugel und ihre Farbe wird notiert. Die Kugel wird wieder in die Urne zurückgelegt. Dieser Vorgang wird noch einmal durchgeführt. Wie groß ist die Wahrscheinlichkeit, dass bei den beiden Ziehungen mindestens einmal eine rote Kugel gezogen wird?

Veranschaulichung mit Hilfe eines gewichteten Baumdiagramms:

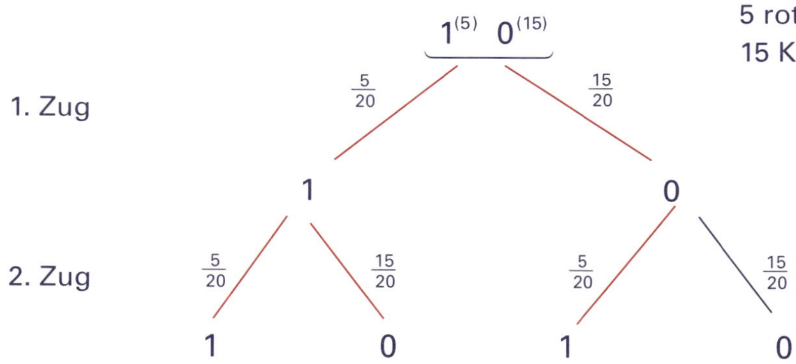

5 rote Kugeln (1) und
15 Kugeln mit anderer Farbe (0)

Es gibt hier 3 Pfade, die die Bedingung erfüllen. Beachte, dass die Reihenfolge des Auftretens einer roten Kugel egal ist (ungeordnete Stichprobe)!

Die Wahrscheinlichkeit entlang des Pfades wird jeweils mit der 1. Pfadregel errechnet.

$$P(1\ 1) = \frac{5}{20} \cdot \frac{5}{20} = \frac{1}{4} \cdot \frac{1}{4} = \frac{1}{16}$$

$$P(1\ 0) = \frac{5}{20} \cdot \frac{15}{20} = \frac{1}{4} \cdot \frac{3}{4} = \frac{3}{16}$$

$$P(0\ 1) = \frac{15}{20} \cdot \frac{5}{20} = \frac{3}{4} \cdot \frac{1}{4} = \frac{3}{16}$$

Da alle 3 Pfade „günstig“ sind, erhält man für die Gesamtwahrscheinlichkeit:
P (mindestens eine rote Kugel) = $\frac{1}{16} + \frac{3}{16} + \frac{3}{16} = \frac{7}{16} = 0{,}4375$ oder 43,75%

2. Pfadregel:
Die Wahrscheinlichkeit einer ungeordneten Zufallsfolge (Stichprobe) erhält man, indem man die Wahrscheinlichkeiten der günstigen Pfade addiert.

Ziehen ungeordneter Stichproben ohne Zurücklegen

In einer Urne befinden sich 20 Kugeln, wobei je 5 rot, weiß, schwarz und grün sind. Jemand zieht eine Kugel und ihre Farbe wird notiert. Die Kugel wird nicht wieder in die Urne zurückgelegt. Dieser Vorgang wird noch einmal durchgeführt. Wie groß ist die Wahrscheinlichkeit, dass bei den beiden Ziehungen einmal eine rote Kugel gezogen wird?

Veranschaulichung mit Hilfe eines gewichteten Baumdiagramms:

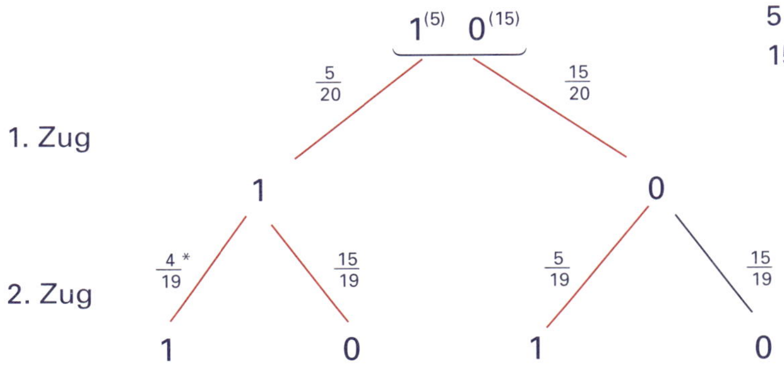

5 rote Kugeln (1) und
15 Kugeln mit anderer Farbe (0)

Vor dem 2. Zug sind nur mehr 19 Kugeln in der Urne.

* Die Wahrscheinlichkeit beträgt $\frac{4}{19}$, weil bereits eine rote Kugel gezogen wurde und daher nur mehr 4 rote (= günstiger Fall) unter den verbleibenden 19 Kugeln in der Urne sind.

Es gibt hier 3 Pfade, die die Bedingung erfüllen. Beachte, dass die Reihenfolge des Auftretens einer roten Kugel egal ist (ungeordnete Stichprobe)!
Die Wahrscheinlichkeit entlang des Pfades wird jeweils mit der 1. Pfadregel errechnet.

$P(1\ 1) = \frac{5}{20} \cdot \frac{4}{19} = \frac{1}{4} \cdot \frac{4}{19} = \frac{1}{19}$

$P(1\ 0) = \frac{5}{20} \cdot \frac{15}{19} = \frac{1}{4} \cdot \frac{15}{19} = \frac{15}{76}$

$P(0\ 1) = \frac{15}{20} \cdot \frac{5}{19} = \frac{3}{4} \cdot \frac{5}{19} = \frac{15}{76}$

P(mindestens eine rote Kugel) = $\frac{1}{19} + \frac{15}{76} + \frac{15}{76} = \frac{34}{76} = 0{,}44736.. = 0{,}4474$ oder 44,74%

Bedingte Wahrscheinlichkeit

Bei der bedingten Wahrscheinlichkeit wird die Wahrscheinlichkeit für das Eintreten eines Ereignisses A vom Eintreten eines Ereignisses B abhängig gemacht werden. Man schreibt: $P(A|B)$ ... bedingte Wahrscheinlichkeit des Ereignisses A unter der Bedingung B.

Für die bedingte Wahrscheinlichkeit gilt: $P(A|B) = \frac{P(A \cap B)}{P(B)}$

In einer Schule wird eine Untersuchung durchgeführt und die Anzahl der Brillenträger festgestellt. Dabei ergaben sich folgende Werte, die in der Tabelle (Kontingenztafel) zusammengefasst sind.

	Schülerinnen (M)	Schüler (B)	Gesamt
keine Brillen (kB)	122	225	347
Brillenträger (BT)	83	102	185
Gesamt	205	327	532

Berechne die Wahrscheinlichkeit, dass eine zufällig ausgewählte Person

a) Brillen trägt, unter der Bedingung, dass diese Person eine Schülerin ist
(1) mit Hilfe der Laplace´schen Wahrscheinlichkeitsregel
(2) mit Hilfe der Formel für die bedingte Wahrscheinlichkeit

b) eine Schülerin ist unter der Bedingung, dass diese Person Brillen trägt.

c) Brillenträger ist.

a) (1) Mit Hilfe der Laplace´schen Wahrscheinlichkeitsregel ergibt sich:
günstige Fälle: 83 mögliche Fälle 205
$P(BT|M) = \frac{83}{205} = 0{,}40487.. = 0{,}4049 \triangleq 40{,}49\%$

(2) Mit Hilfe der Formel für die bedingte Wahrscheinlichkeit ergibt sich:
Berechnung der Wahrscheinlichkeit des Ereignisses A (X ist Brillenträger) unter der Voraussetzung, dass das andere Ereignis B (X ist eine Schülerin) eintritt.
$P(X = \text{weibliche Brillenträger}) = \frac{83}{532}$ $P(X = \text{Schülerin}) = \frac{205}{532}$
$P(A|B) = \frac{P(A \cap B)}{P(B)}$ Einsetzen der entsprechenden Werte

$$P(BT|M) = \frac{P(BT \cap M)}{P(M)} = \frac{\frac{83}{532}}{\frac{205}{532}} = \frac{83}{205} = 0{,}40487.. = 0{,}4049 \triangleq 40{,}49\%$$

b) $P(M|BT) = \frac{P(M \cap BT)}{P(BT)} = \frac{\frac{83}{532}}{\frac{185}{532}} = \frac{83}{185} = 0{,}44864.. = 0{,}4486 \triangleq 44{,}86\%$

c) $P(BT) = \frac{185}{532} = 0{,}34774.. = 0{,}3477 \triangleq 34{,}77\%$

Beachte die genaue Fragestellung, was wird unter welcher Bedingung gesucht!
Man erkennt aus dem Beispiel, dass $P(A|B) \neq P(B|A)$ ist.

Einen Zusammenhang zwischen den Wahrscheinlichkeiten $P(A|B)$ und $P(B|A)$ gibt der Satz von BAYES (Thomas Bayes, engl. Mathematiker 1702–1761)

$P(A|B) = \frac{P(A \cap B)}{P(B)}$ $\quad | \cdot P(B)$

$P(A \cap B) = P(A|B) \cdot P(B)$ aber auch $P(B \cap A) = P(B|A) \cdot P(A)$

Da auf Grund des Kommutativgesetzes $A \cap B = B \cap A$ gilt, muss auch $P(A \cap B) = P(B \cap A)$ gelten. In obiger Gleichung lassen sich daher die beiden rechten Seiten gleichsetzen:

$P(B|A) \cdot P(A) = P(A|B) \cdot P(B)$ $\quad | : P(A)$

$P(B|A) = \frac{P(A|B) \cdot P(B)}{P(A)}$ Satz von Bayes

Man hätte Aufgabe **c)** auch so rechnen können:
Wahrscheinlichkeit Brillenträger und Schülerin plus Wahrscheinlichkeit Brillenträger und Schüler.

$P(BT) = P(BT \cap M) + P(BT \cap B)$ da für $P(BT \cap M) = P(BT|M) \cdot P(M)$ und für $P(BT \cap B) = P(BT|B) \cdot P(B)$ gilt

$P(BT) = P(BT|M) \cdot P(M) + P(BT|B) \cdot P(B)$

$P(BT) = \frac{83}{205} \cdot \frac{205}{532} + \frac{102}{327} \cdot \frac{327}{532} = \frac{83}{532} + \frac{102}{532} = \frac{185}{532} = 0{,}34774.. = 0{,}3477 \triangleq 34{,}77\%$

Allgemein gilt der

Satz von der totalen Wahrscheinlichkeit
Für ein Ereignis A, das mit den Ereignissen $B_1, B_2, B_3 \ldots B_n$ auftritt, gilt
$P(A) = P(A \cap B_1) + P(A \cap B_2) + P(A \cap B_3) + \ldots + P(A \cap B_n)$

Ein Lebensmittelgroßhändler bezieht Hühnereier von drei Produzenten S_1, S_2 und S_3. Es werden 25 000 Stück benötigt, wobei 10 000 in S_1, 9 000 in S_2 und der Rest in S_3 erzeugt werden, die in Packungen zu je 10 Stück geliefert werden. Auf Grund von Qualitätskontrollen weiß man, dass 2% der Eier aus S_1, 2,5% aus S_2 und 4% aus S_3 zerbrochen sind.

a) Wie groß ist die Wahrscheinlichkeit, ein kaputtes Ei zu erhalten?

b) Aus der Gesamtzahl der angelieferten Eier wird eines entnommen. Dieses ist kaputt. Mit welcher Wahrscheinlichkeit stammt es aus S_1?

a) Mit Hilfe der Laplace'schen Wahrscheinlichkeitsregel ergibt sich:

$P(S_1) = \frac{10\,000}{25\,000} = 0{,}4 \quad P(S_2) = \frac{9\,000}{25\,000} = 0{,}36 \quad P(S_3) = \frac{6\,000}{25\,000} = 0{,}24$

Für das Ereignis D: Das Ei ist kaputt

$P(D|S_1) = 0{,}02$ 2% der Eier aus S_1 (Bedingung) sind kaputt
$P(D|S_2) = 0{,}025$ 2,5% der Eier aus S_2 (Bedingung) sind kaputt
$P(D|S_3) = 0{,}04$ 4% der Eier aus S_3 (Bedingung) sind kaputt

$P(D) = P(D \cap S_1) + P(D \cap S_2) + P(D \cap S_3)$ Anwenden des Satzes der totalen Wahrscheinlichkeit
$P(D) = P(D|S_1) \cdot P(S_1) + P(D|S_2) \cdot P(S_2) + P(D|S_3) \cdot P(S_3)$
$P(D) = 0{,}02 \cdot 0{,}4 + 0{,}025 \cdot 0{,}36 + 0{,}04 \cdot 0{,}24$
$P(D) = 0{,}0266 \triangleq 2{,}66\%$

Mit einer Wahrscheinlichkeit von 2,66% ist ein Ei kaputt.

b) Bedingung: Das entnommene Ei ist kaputt, es stammt aus S_1.

Man sucht also $P(S_1|D)$.

In der Aufgabe **a)** wurde $P(D|S_1)$ angegeben. Durch Anwenden des Satzes von Bayes lässt sich $P(D|S_1)$ auf $P(S_1|D)$ umformen:

$P(B|A) = \frac{P(A|B) \cdot P(B)}{P(A)}$ Satz von Bayes

$$P(S_1|D) = \frac{P(D|S_1) \cdot P(S_1)}{P(D)}$$

$$P(S_1|D) = \frac{0{,}02 \cdot 0{,}4}{0{,}0266} = 0{,}30075.. = 0{,}3078 \mathrel{\hat{=}} 30{,}78\%$$

Wahrscheinlichkeit

1 In einer Urne sind 2 weiße, 5 rote und 8 schwarze Kugeln. Es wird eine Kugel gezogen. Wie groß ist die Wahrscheinlichkeit, dass sie

a) weiß **b)** rot **c)** schwarz ist?

2 Wie groß ist die Wahrscheinlichkeit, dass beim Werfen eines Würfels

a) die Augenzahl 6 **b)** eine Augenzahl kleiner 4

c) eine gerade Augenzahl **d)** eine ungerade Augenzahl kommt?

3 In einer Urne befinden sich 5 Kugeln, die mit den Buchstaben O, O, L, T, T beschriftet sind. Jemand zieht eine Kugel und ihr Buchstabe wird notiert. Die Kugel wird nicht wieder in die Urne zurückgelegt. Dieser Vorgang wird noch viermal durchgeführt. Wie groß ist die Wahrscheinlichkeit, das Wort LOTTO zu erhalten?

4 In einer Urne befinden sich 3 Kugeln, die mit den Buchstaben O, L, T beschriftet sind. Jemand zieht eine Kugel, notiert den Buchstaben und legt sie wieder in die Urne zurück. Dieser Vorgang wird noch viermal durchgeführt. Wie groß ist die Wahrscheinlichkeit, dass das Wort LOTTO entsteht?

5 Wie groß ist die Wahrscheinlichkeit, beim LOTTO „6 aus 45" den richtigen „Sechser" zu erraten?

Beachte: Aus der Urne mit 45 Kugeln, die mit 1 bis 45 bezeichnet sind, wird ohne Zurücklegen sechsmal eine Kugel gezogen.

6 In einer Urne befinden sich 20 Kugeln, wobei je 5 rot, weiß, schwarz und grün sind. Jemand zieht eine Kugel und ihre Farbe wird notiert. Die Kugel wird wieder in die Urne zurückgelegt. Dieser Vorgang wird insgesamt viermal durchgeführt.

a) Wie groß ist die Wahrscheinlichkeit, dass man bei den Ziehungen 3 oder 4 weiße Kugeln erhält?

b) Wie groß ist die Wahrscheinlichkeit, dass man bei den Ziehungen keine weiße Kugel erhält?

7 In einer Urne befinden sich 20 Kugeln, wobei je 5 rot, weiß, schwarz und grün sind. Jemand zieht eine Kugel und ihre Farbe wird notiert. Die Kugel wird nicht wieder in die Urne zurückgelegt. Dieser Vorgang wird insgesamt viermal durchgeführt.

a) Wie groß ist die Wahrscheinlichkeit, dass man bei den Ziehungen 3 oder 4 weiße Kugeln erhält?

b) Wie groß ist die Wahrscheinlichkeit, dass man bei den Ziehungen keine weiße Kugel erhält?

8 In einer Klasse befinden sich 10 Burschen und 15 Mädchen. Wie groß ist die Wahrscheinlichkeit, dass bei der Wahl des Klassensprechers und seines Stellvertreters

a) beide Burschen sind? **b)** beide Mädchen sind?

c) der Klassensprecher ein Bursch und die Position des Stellvertreters durch ein Mädchen belegt wird?

9 In einer Fabrik werden die 320 Beschäftigten bei einer freiwillig durchgeführten Erhebung befragt, ob sie rauchen oder nicht. Dabei wurde folgendes Ergebnis festgestellt:

	Nichtraucher	Raucher	Gesamt
Frauen	115	67	182
Männer	80	58	138
Gesamt	195	125	320

Eine Person X wird zufällig ausgewählt. Berechne

a) P(X = Raucher)

b) P(X = Raucher), wenn man bereits weiß, dass eine Frau ausgewählt wurde

c) P(X = eine Frau), wenn man bereits weiß, dass ein Nichtraucher ausgewählt wurde

d) P(X ist eine Frau | X ist Raucher)

e) P(X ist ein Nichtraucher | X ist ein Mann)

10 Nach einer Aufklärungskampagne über die Schädlichkeit des Rauchens haben sich in der Firma die Rauchgewohnheiten verändert. In der folgenden Kontingenztafel sind die Wahrscheinlichkeiten angegeben.

	Männer	Frauen	Gesamt
Raucher	0,04	0,02	0,06
Nichtraucher	0,39	0,55	0,94
Gesamt	0,43	0,57	1

a) Wie groß ist die Wahrscheinlichkeit, dass ein zufällig ausgewählter Mann Raucher ist?

b) Wie groß ist die Wahrscheinlichkeit, dass eine zufällig ausgewählte Frau Raucherin ist?

c) Wie groß ist die Wahrscheinlichkeit, dass eine zufällig ausgewählter Raucher ein Mann ist?

d) Wie viel Prozent der Nichtraucher sind Frauen?

11 Drei Werkstätten eines Großkonzerns produzieren jeweils dasselbe Fertigungsstück. Aus der ersten Werkstätte W_1 stammen 30%, aus der zweiten Werkstätte W_2 25% und in der dritten Werkstätte W_3 wird der Rest erzeugt. Die in W_1 erzeugten Produkte sind zu 4%, die in W_2 zu 5% und die aus W_3 zu 2,5% unbrauchbar.

a) Wie viel Prozent der Gesamtproduktion sind unbrauchbar?

b) Der Betriebsleiter des Konzerns wählt ein angeliefertes Fertigungsteil aus. Dieses ist unbrauchbar. Mit welcher Wahrscheinlichkeit stammt es aus W_1?

c) Mit welcher Wahrscheinlichkeit stammt ein ordentliches Fertigungsteil aus W_3?